★新军迷★ 系列丛书

别告诉我
你懂航天

《深度文化》编委会　编著

U0299261

清华大学出版社
北京

内 容 简 介

本书是关于人类航天活动的科普图书。本书共分为 4 部分：第 1 部分对航天器的定义、作用、分类、未来趋势等基础问题进行了解答；第 2 部分对与航天器结构、制造相关的问题进行了解答；第 3 部分对与航天器发射相关的问题进行了解答；第 4 部分对与航天器在轨运行、地面控制、回收着陆、航天员操作相关的问题进行了解答。为了帮助读者理解复杂的航天知识，同时也为了增强图书的趣味性和观赏性，书中配有大量示意图、鉴赏图以及生动有趣的小知识。

本书内容详实，结构清晰，语言通俗易懂，既适合广大航天爱好者和中小学生作为科普读物，也适合作为航空航天专业的学生、航天工程师、天文学者、影视制作人员、科技博主等专业人士的参考书籍。此外，本书还可作为各大高校航空航天专业的教学辅助用书。

图书在版编目 (CIP) 数据

别告诉我你懂航天 /《深度文化》编委会编著 .
北京：清华大学出版社，2025.2. -- (新军迷系列丛书).
ISBN 978-7-302-68351-3

Ⅰ . V4-49

中国国家版本馆 CIP 数据核字第 2025VA5774 号

责任编辑：李玉萍
封面设计：王晓武
责任校对：张彦彬
责任印制：曹婉颖

出版发行：清华大学出版社
      网　　址：https://www.tup.com.cn，https://www.wqxuetang.com
      地　　址：北京清华大学学研大厦 A 座　邮　　编：100084
      社 总 机：010-83470000　　　　　　邮　　购：010-62786544
      投稿与读者服务：010-62776969，c-service@tup.tsinghua.edu.cn
      质 量 反 馈：010-62772015，zhiliang@tup.tsinghua.edu.cn
印 装 者：涿州市般润文化传播有限公司
经　　销：全国新华书店
开　　本：146mm×210mm　印　　张：8.5　字　　数：354 千字
版　　次：2025 年 4 月第 1 版　印　　次：2025 年 4 月第 1 次印刷
定　　价：58.00 元

产品编号：079009-01

前 言

1957 年 10 月，世界上第一颗人造地球卫星"斯普特尼克 1 号"在苏联发射成功，开创了人类航天新纪元，宇宙空间开始成为人类活动的新疆域，这一年也被定为第一个国际空间年。半个多世纪以来，航天技术在世界范围内取得了巨大的进展，已经广泛应用于科学活动、军事活动、国民经济和社会生活等众多领域，并且产生了极其重大而深远的影响。

由于太空中可利用的资源比地球上可利用的资源要丰富得多，所以许多国家一直在努力提升本国的航天技术，完善本国的航天系统。不过，航天系统是现代典型的复杂工程大系统，具有规模庞大、系统复杂、技术密集、综合性强，以及投资大、周期长、风险高等特点，并非所有国家都能承受。完善的航天系统是一个国家航天实力和综合国力的重要标志，目前世界上只有为数不多的国家拥有这种实力。

面对浩瀚无垠的太空，即便是航天实力雄厚的美国、俄罗斯、法国等一些国家，也仍有数不尽的困难亟待解决。尽管世界各国已经探索太空多年，但是人类对于太空的认识依旧有限。对于普通人来说，太空更是一个极度神秘和遥远的存在。载人航天需要克服哪些技术难题？火箭和航天器的发射窗口如何确定？国际空间站的作用是什么？航天员在太空飞行时如何进食？许多人都曾有这样一些疑惑，却无法获得解答。

针对这种情况，本书特意采用问答的形式对航天知识进行讲解，书中精心收录了读者广为关注的 100 个热门问题，涵盖航天器构造、运载火箭发射、人造卫星运行、太空战、航天事故、航天员选拔等多个方面，每个问题都进行了专业、准确和细致的解答。为了帮助读者理解复杂、深奥的航天知识，同时也为了增强图书的趣味性和观赏性，书中还配有丰富而精美的示意图和鉴赏图，以及生动有趣的小知识。

　　本书是真正面向航天爱好者的基础图书，特别适合作为广大航天爱好者的参考资料和青少年朋友的入门读物。全书由资深创作团队编写，力求体现内容的全面性、趣味性和观赏性。全书内容丰富、结构合理，关于航天器的相关参数还参考了制造商官方网站的公开数据，以及国外的权威科普文档。

　　本书由《深度文化》编委会创作，参与本书编写的人员有陈利华、高丽秋、龚川、何海涛、贺强、胡姝婷、黄启华、黎安芝、黎琪、黎绍文、卢刚、罗于华、阳晓瑜等。对于广大资深航天爱好者，以及有意了解航天知识的青少年来说，本书不失为最有价值的科普读物。希望读者朋友们能够通过阅读本书，循序渐进地提高自己的航天科技素养。

　　由于航天知识复杂、深奥，本书难免存在疏漏之处，敬请广大读者朋友批评、指正。

编　者

目　录

Part 01
理论篇

　　航天又称空间飞行、太空飞行、宇宙航行或航天飞行，是指进入、探索、开发和利用太空（地球大气层以外的宇宙空间，又称外层空间）以及地球以外天体的各种活动的总称。

>>> 德国 V-2 导弹为何被视为现代火箭鼻祖

　　1942 年，德国火箭专家冯·布劳恩发明了人类第一种现代意义上的火箭——V-2 导弹。它是德国研制的第一种弹道导弹，其目的在于精确打击英国本土目标。V-2 导弹是世界上最早投入实战的弹道导弹，也是火箭技术进入一个新时代的标志。

　　V-2 导弹长 13.5 米，发射全重 13 吨，最大射程为 320 千米，射高为 96 千米，能把 1 吨重的弹头投送到 300 千米以外的地方。V-2 导弹由液体火箭发动机推动，推进剂为液氧和酒精。发射时火箭先垂直上升到 24～29 千米的高度，然后按照弹上陀螺仪的控制，在发动机喷口燃气舵的作用下以 40 度的倾角弹道上升，也可由地面控制站向弹上接收机发送无线电指令控制。1 分钟后，火箭已飞到 48 千米的高度，速度已达 5796 千米/时。此时，无线电指令控制系统指令关闭发动机，火箭靠惯性继续上升到 96 千米的高度，然后以 3542 千米/时的速度大致沿一条抛物线自由下落，击中目标。V-2 导弹在工程技术上实现了航天先驱的技术设想，对现代大型火箭的发展起了承上启下的作用，成为航天发展史上一个重要的里程碑。

　　V-2 导弹是真正意义上的一种现代运载火箭，目前，人类使用的所有运载火箭都没有脱离 V-2 导弹的架构，所以冯·布劳恩被称为"现代火箭之父""现代航天之父"。

博物馆中的 V-2 导弹复制品

制天权理论与制空权理论有何关联

所谓制天权（command of the space power），是指交战一方在一定时间内对一定范围外层空间的天疆控制权。制天权的概念及理论是在意大利军事理论家朱里奥·杜黑的制空权思想和理论的影响下，随着人类航天技术和航天活动的出现与发展而逐步形成的。

早在 20 世纪 50 年代后期，当苏联率先成功发射人类第一颗人造地球卫星时，许多人就已经意识到争夺外层空间将成为一种新型战争。20 世纪 60 年代初期，美国总统肯尼迪公开宣称："谁能控制太空，谁就能控制地球。"这是较早的制天权思想。虽然人类的军事航天活动已经走过数十年的历程，但是人类还不具备争夺制天权的能力，制天权还处于军事理论研究阶段，真正意义上的争夺制天权实践活动还没有成为战争现实。当太空进攻和防御技术取得突破性进展，太空进攻和防御武器开始大量生产与部署时，争夺制天权才可能真正走上战争舞台。

制天权对未来战争全局具有重大主导作用。一方面，未来的太空军事力量"天军"，将是人类高智能、高技术的集合体，在未来军事力量中占据首要地位；另一方面，太空战场极其广阔深远，它全面包容覆盖传统的陆、海、空战场，具有"居高临下"的空间优势。"天军"一旦控制了太空战场，就能凭借其高智能、高技术和高空间

美国总统肯尼迪会见美国国家航空航天局高层

优势，全面瞰制陆、海、空战场。制天权将主导制空权、制海权和制电磁权，会直接影响战争的进程与结局。争夺制天权的主要手段是部署在太空以及地面、空中、海上的各种太空进攻性与防御性武器系统。

二战以后至 20 世纪 80 年代初，美、苏之间的军备竞赛已经从陆地、海洋、空中扩展到外层空间。1983 年 3 月，美国总统里根正式对外公布了"高边疆战略"。所谓"高边疆战略"，就是关于美国未来在军事、经济和科学诸方面综合开发和利用宇宙空间的总体空间战略理论。它的核心思想是：建立空间武器系统，即所谓"星

球大战"计划（又称战略防御计划），建立多层次、大纵深防御体系，把太空辟为除海、陆、空之外的第四战略领域，以取得对苏联的军事战略优势。

美国于 20 世纪 50 年代研制的 X-15 高速火箭动力试验机

针对美国咄咄逼人的"高边疆战略"，苏联积极采取对策，努力发展能够突破美国战略防御系统的进攻性战略武器系统，并着手研制自己的战略防御系统。美、苏在太空领域的争夺以及其他军事强国的迅速跟进使外层空间很快成为除陆、海、空战场之外的第四战场。航天技术广泛应用于军事领域，导致了军用卫星和天战兵器的迅猛发展。对外层空间的争夺导致有关制空权的斗争向外层空间拓展。

近几场高技术局部战争表明，运转于外层空间的具有军事功能的航天器，如航天侦察、预警、通信、导航卫星等，已经直接加入了战场的角逐，并对空中、地面、海上作战起到了支援保障作用，可以说对赢得战争的胜利产生了重要影响。

苏联"东方"号轻型运载火箭

在未来战场上，要赢得战争，不仅要争夺制海权、制空权，而且要争夺制天权。美国空军太空司令部在其《美国太空作战力量 2020 年发展构想》中称，"今天的军事作战十分依赖于航天能力，在 21 世纪将更加依靠航天能力"；俄罗斯于 2000 年推出的军事学说亦称，"未来战争将以天基为中心"，"制天权将成为争夺制空权和制海权的主要条件之一"。

信息化战争离不开制天权的原因是什么

信息化战争要取得胜利，就必须拥有制陆权、制空权、制海权、制天权和制信息权。其中制天权和制信息权既是高技术战争制胜的基础，也是夺取战场主动权的关键，而制信息权的获取又离不开制天权。可以说，获取制天权是打赢信息化战争的根本。

参加海湾战争的美国空军 F-15"鹰"式战斗机

制天权的现实意义

20 世纪人类鏖战的疆域限制在大气层内，谁夺取了制空权，谁就夺取了战争主动权。随着卫星、空间站、航天飞机等天基武器系统的相继诞生，航天军事大国竞相发展空天飞机、高功率激光武器、粒子束武器等新型天基武器。可以预言，由此引发的新型作战样式——"天战""天空战""天地战"等将在21世纪决定战场的胜负。未来作战行动将是以天基为中心的陆、海、空、天、电一体的联合作战。在这高度一体化的联合作战中，任何一个领域只要战端一开，最先开动的都是太空支援作战系统。这一点在海湾战争和科索沃战争中已经初见端倪。科索沃战争后，美俄军队的作战理论开始发生转折性变化，强调未来作战的主战场将集中在天空或太空。而阿富汗战争和伊拉克战争再次证明，制天权将对陆、海、空战场作战起到决定性作用。

美国海军 F-14"雄猫"战斗机飞过战场上空

　　未来战争中，制天权将构成战争主动权的主要部分，并强烈影响着战争的进程和结局。空间侦察、通信、导航和预警等将成为未来战争的主要作战保障方式。而随着太空攻击武器的发展应用，从太空直接攻击地球表面目标或拦截弹道导弹，将成为重要的作战手段。如利用空间作战飞行器、空间轨道轰炸器、弹道导弹等空间攻击性武器，从空间对敌方陆、海、空的重要目标实施火力打击，可瘫痪敌方作战体系，削弱敌方整体作战能力，最终达到加速战争进程的目的。可以说，在未来信息化战争中，制天权将发挥极为关键的作用。因此，在和平时期拥有制天权对于遏制战争和打赢战争将具有十分重要的现实意义，是国家威慑力量的重要组成部分，是制约战争发生、维护国家利益的重要手段。

制天权的主要作用

（1）制信息权依赖于制天权。未来信息化战争中，信息优势意味着机动优势、指挥优势、火力与兵力优势，因而敌对双方将围绕制信息权展开激烈争夺。要掌握制信息权，既要发展以信息技术为核心的高技术武器装备，也离不开对外层空间的有效控制。制天权日益成为信息化部队、信息化武器和打赢信息化战争的重要基础和前提。由于指挥控制系统在未来战争中的重要作用，使未来战争中的打击重心转向敌方 C4ISR 系统（自动化指挥系统）。而太空系统是 C4ISR 系统的重要支持系统，是 C4ISR 系统赖以运行的基础，因为无论是监视侦察、情报传递、目标定位，还是武器导航、战果评估都要靠卫星的支持。可以说，制信息权依赖于制天权，制天权是制信息权的基础和保证。

实施信息战的基础是信息化战场。信息化战场的信息系统主要由通信联络、指挥控制、情报传输、计算机与战场数据库及各种用户终端构成战场综合网络体系。从信息化战场的基本构成来看，哪一个分系统都离不开航天信息资源的支持，可以说航天信息资源是信息化战场的重要基础和要素。海湾战争中以美国为首的多国部队广泛运用军事航天力量，在太空中拥有绝对的主动权，对参战的陆、海、空力量进行实时和近实时的侦察、通信、气象、导航定位等支援和保障，对敌形成了信息压制，成为支持多国部队形成整体打击力量的关键因素，对战争结局起到了极其重要的作用，因而这次战争也被称为人类的首次空间战争。

（2）联合作战需要制天权。航天技术和空间信息系统的不断发展使制天权对联合作战的支援保障作用越来越大，未来联合作战对空间战场的依赖也越来越强。

夺取制天权是实施联合作战的基础。随着空间信息系统的提高和完善，空间信息系统支援将成为

正在与指挥中心通信的美军士兵

战争形态发展的重要推动力。太空与陆、海、空的军事行动将紧密联系在一起，一切作战目标和作战任务只有通过分布于陆、海、空、天战场的作战力量及其信息系统的联合行动才能顺利完成。因此，未来战争的联合作战范围更加广阔，内涵更加丰富。"陆、海、空、天一体战"将取代空地一体战成为联合作战的新样式。

制天权对联合作战的指挥控制具有决定作用。陆、海、空、天战场上的联合作战行动将越来越依赖空间信息系统的支援和保障：通信卫星可以使相距上万千米的诸军兵种及时互通信息，密切协同；侦察卫星可以为战场指挥员提供及时、准确的战场情况，对制定作战方案发挥重大作用；测地卫星可以为导弹、飞机提供精确的目标位置；导航定位卫星可以对地面部队、海上舰队、水下潜艇、空中飞机、导弹等进行精确定位；预警卫星可以提前发现来袭导弹和飞机，并及时发出预警信号；等等。可以说，在现代高技术联合战役中，如果没有军事航天器获取情报和传输信息，战场指挥员就难以对瞬息万变的战争作出正确的决策，并实施有效的作战指挥。现代联合战役已离不开空间信息系统的支持，谁控制了太空，谁就拥有空间信息优势，谁就能在战争中拥有主动权。

夺取制天权将成为联合作战争夺的新焦点。夺取空间信息优势和控制外层空间，是未来联合战役取胜的关键。以卫星为主体的空间军事系统将是一体化全球感知、全球交战系统的核心，全球卫星导航定位系统将成为未来精确指挥控制、中远程精确打击和兵力精确投送的关键装备。美军非常重视夺取空间信息优势和控制外层空间。在"沙漠风暴"后的历次军事行动中，军用航天信息系统都起到了重要作用。空间战场由支援保障作用转向实战，使得未来联合战役呈现陆、海、空、天一体的发展趋势。由于空间设施的重要性和固有的脆弱性，空间设施必将成为未来敌对双方攻防的重要目标。可以预见，随着各种空间攻防武器装备的部署和天军的建立，对空间的争夺将越来越激烈，空间将成为未来联合作战的主战场。

航天器的主要特点是什么

航天器大多不携带飞行动力装置，在极高真空的宇宙空间靠惯性自由飞行。航天器的运动速度超过 8 千米 / 秒，这个速度是由航天运载器提供的。航天器的轨道是事先按照航天任务来选择和设计的。有些航天器带有动力装置用以变轨或轨道保持。

航天器由航天运载器发射送入宇宙空间，长期处在高真空、强辐射、失重的环境中，有的还要返回地球或在其他天体上着陆，经历各种复杂环境。航天器工作环境比航空器工作环境条件恶劣得多，也比火箭和导弹工作环境更复杂。发射航天器需要由比自身重几十倍乃至上百倍的航天运载器，航天器入轨后，需要正常工作几个月、几年甚至十几年。因此，重量轻、体积小、高可靠、长寿命和承受复杂环境条件的能力既是对航天器材料、器件和设备的基本要求，也是航天器设计的基本原则之一。对于载人航天器，可靠性要求更为突出。

美国"凤凰"号火星探测器着陆示意

绝大多数航天器为无人飞行器，各系统的工作要依靠地面遥控或自动控制。虽然航天员能够监视和控制载人航天器各系统的工作，但是仍然要依赖地面指挥和控制。航天器控制主要是借助地面和航天器上的无线电测控系统配合完成的。航天器工作的安排、监测和控制通常由航天测控和数据采集网或用户台站（网）的中心站的工作人员实施。随着航天器计算机系统功能的增强，航天器自动控制能力也在不断提高。

美国哈勃太空望远镜在轨运行

　　航天器运动和环境的特殊性以及飞行任务的多样性使其在系统组成和技术方面有许多显著特点。航天器的电源不仅要求寿命长、比能量（参与电极反应的单位质量的电极材料放出电能的大小）大，而且还要功率大（从几十瓦到几千瓦）。它使用的太阳电池阵电源系统、燃料电池和核电源系统都比较复杂，涉及半导体和核能等多项技术。

苏联安-225运输机背负"暴风雪"号航天飞机

　　航天器轨道控制和姿态控制系统不仅采用了很多特有的敏感器、推力器和控制执行机构以及数字计算装置，而且应用了现代控制论的新方法，形成多变量的反馈控制系统。

　　航天器结构、热控制、无线电测控、返回着陆、生命保障等系统以及多种专用系统都采用了许多特殊材料、器件和设备，涉及众多科学技术领域。

　　航天器的正常工作不仅取决于航天器上各系统的协调配合，而且还与整个航天系统各部分的协调配合有密切关系。航天器以及更复杂的航天系统的研制和管理，都需要依靠系统工程的理论和方法。

俄罗斯发射"联盟"号宇宙飞船

>>>> 载人航天需要克服哪些技术难题

　　载人航天是人类驾驶和乘坐载人航天器在太空中从事各种探测、研究、试验、生产和军事活动的往返飞行活动。其目的在于突破地球大气屏障和克服地球引力，把人类的活动范围从陆地、海洋和大气层扩展到太空，更广泛和更深入地认识整个宇宙，并充分利用太空和载人航天器的特殊环境进行各种研究和试验活动，开发极其丰富的太空资源。

美国"挑战者"号航天飞机发射瞬间

载人航天是集国家政治、军事、科技实力于一体的高难度系统工程。要真正把人送入太空乃至使人长时期在太空生活，就必须突破三大技术难题。

（1）研制出推力足够大、可靠性极高的运载工具。苏联发射"东方"号、"上升"号、"联盟"号等载人飞船的运载火箭都是运载能力在5吨以上，而且在发射中极少发生事故的优秀运载工具。为了确保发射时万无一失，运载火箭及飞船的关键部件必须是双备份或三备份，火箭、飞船在上天前，必须经过一系列极为严格的地面测试和模拟飞行，直到没有任何隐患才能放行上天。出于对可靠性的重视，与航海、航空及陆上各种交通运输工具比较，航天器的活动有最好的安全记录。

（2）获得空间环境对人体影响的足够信息，了解人体所能承受的极限条件并找到防护措施。空间环境与陆地环境有天壤之别。太空中高度真空，没有氧气和水，如果没有任何保护措施，人体暴露在这样的环境里，用不了一分钟，就会由于身体内外的巨大压差而爆炸，体液会迅速沸腾汽化。太空中温差极大，由于没有空气对流，航天器朝阳面温度可达 100℃以上，而背阴面则在 –100℃以下，在远离地球的深空中，温度则达到人体根本无法承受的 –273℃。同时太空中还充满了有害的宇宙辐射。

另外，在太空的失重环境中，特别是飞船上升、返回阶段的加速度和减速度会使人体发生平衡功能紊乱、体内组织位移、肌肉萎缩、骨质脱钙等病变。要在这种环境里保证人类的生存，就必须研制出密封的防辐射飞船，飞船中要提供能供人正常生活的空气、水、温度等基本生命保障条件。同时还要为航天员配备航天服，一旦航天员走出飞船座舱到太空中工作，所有的生命保障系统便全由航天服提供。在载人航天实践中，苏联研制出了"东方"号、"上升"号、"联盟"号三代载人飞船，美国也成功研制出了"水星"号、"双子星座"号和"阿波罗"号三代载人飞船以及航天飞机。

英国航天员海伦·沙曼返回地球

（3）可靠的救生技术及安全返回技术。载人航天与不载人航天最大的区别就在于救生技术的应用和安全返回的绝对可靠。载人航天的救生装置有弹射座椅、逃逸塔、分离座舱和载人机动装置等。它们在飞行的不同高

美国"双子星座"号宇宙飞船内的航天员

度发挥着各自的作用。一般来说，飞行高度在 10 千米左右时，航天员可以采用弹射座椅的方式弹出发生危险的航天器，跳伞求生。当然，也可以启动逃逸塔，让逃逸塔拉着飞船甩掉发生危险的火箭另行降落求生。如果火箭在高空发生问题，航天员无法跳伞，逃逸塔已按飞行程序被抛掉，则只能采取分离飞船座舱的办法，让飞船座舱自己返回求生。飞船入轨后，一旦自身遭到损坏或航天员生病，需要营救，那么只能暂时采用船上救生装置等待地面发射飞船施救的办法。

飞船的安全返回也不容易，它需要启动反推火箭减速、调姿、进入返回轨道等技术，还要闯过三道难关：一是过载关，飞船高速进入地球稠密大气层时会产生巨大的冲击过载，就像飞机撞山一般；二是火焰关，飞船返回与空气的剧烈摩擦会产生几千摄氏度的高温，没有防护，钢铁也会化为灰烬；三是撞击关，飞船降落尽管有降落伞，但它的降落速度仍达 14 米 / 秒，因此必须采取缓冲措施。

此外，落点的精度也是一大难题，苏联的一艘飞船返回时出现落点偏差，结果营救人员找不到航天员，导致被困在冰天雪地里的航天员差点被冻死。

俄罗斯"联盟"号宇宙飞船返回地面

载人航天器主要有哪些类型

经过几十年的发展，人类现已研制出载人飞船、航天飞机和空间站 3 种载人航天器。它们各有所长，相互补充。

按运行轨道它们又可分为两类，载人飞船和航天飞机属于一类，主要用于接送航天员和货物，且在太空飞行时间一般不超过 20 天，所以又被称为天地往返运输器；空间站属于另一类，它可在太空长期运行，不返回地面，主要用于空间科学研究、太空生产和在轨服务等。

在 3 种载人航天器中，载人飞船技术最简单、成本最低、在轨飞行时间最短，因此成为最先用于突破载人航天的基本技术。它是一种乘载航天员较少（3 人以下），能在太空短期运行（最多十几天），并可以使飞船返回舱沿弹道式或升力弹道式路径返回地面、垂直着陆的一次性使用无翼航天器。从飞行范围讲，载人飞船有近地轨道飞船、登月飞船和行星际飞船 3 种。

美国"亚特兰蒂斯"号航天飞机起飞

俄罗斯"联盟"号宇宙飞船全尺寸模型

降落在海上的美国"猎户座"宇宙飞船返回舱

空间站是一种容积大、寿命长，且适于航天员在太空开展科研和试验以及组装和维修的大型航天器。它在轨运行期间由载人飞船或航天飞机接送航天员、运送物资和设备。空间站分为单舱式空间站和多舱式空间站两大类，前者指用运载火箭一次就能送入太空轨道运行的空间站，有试验型和实用型两种；后者则是由多个舱段在轨道上组装而成的空间站，有积木式构型和桁架式构型两种。

由于载人飞船太小，满足不了日益增长的空间站运输的需求，所以美国、苏联又研制了可部分重复使用、运输能力大大超过载人飞船的航天飞机。但只有美国的5架航天飞机先后投入实际应用（其中有2架已失事），每架航天飞机可容纳4～7人，能把20～30吨货物送入太空，并运回10多吨货物。航天飞机的用途较多且可重复使用，为人类的航天活动开辟了全新的途径，但由于其使用成本高、风险大，所以已经全部退役。

国际空间站全景

▶▶▶▶ 中继卫星被称为"卫星的卫星"的原因是什么

中继卫星的正式名称为跟踪与数据中继卫星（tracking and dada relay satellite，TDRS），它是20世纪航天测控通信技术的重大突破。其"天基"设计思想，从根本上解决了测控、通信覆盖率低的问题，同时还克服了高速数据传输和多目标测控通信等技术难题。

美国 TDRS 卫星（第一代）在轨运行示意

中继卫星能为卫星、飞船等航天器提供数据中继和测控服务，极大地提高各类卫星的使用效益和应急能力，因此它也被称为"卫星的卫星"。鉴于此，世界各航天大国都在积极开展中继卫星的研发工作。目前，美国与俄罗斯两国的跟踪与数据中继卫星系统均已进入应用阶段，正在发展后续系统；欧洲航天局和日本则采用了新的思路和技术途径。

中继卫星的用途

（1）跟踪、测定中低轨道卫星。为了尽可能多地覆盖地球表面和获得较

美国 TDRS 项目徽章

高的地面分辨能力，因此许多卫星都采用倾角大、高度低的轨道。中继卫星几乎能对中低轨道卫星进行连续跟踪，通过转发它们与测控站之间的测距和多普勒频移信息，实现对这些卫星轨道的精确测定。

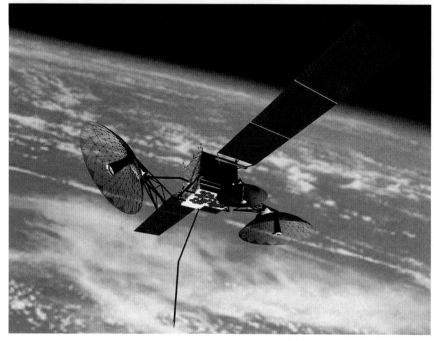

美国 TDRS 卫星（第二代）在轨运行示意图

（2）为对地观测卫星实时转发遥感、遥测数据。气象、海洋、测地和资源等对地观测卫星在飞经未设地球站的上空时，把遥感、遥测信息暂时存储在记录器里，而在飞经地球站时再转发。中继卫星能实时地把大量遥感和遥测数据转发回地面。

（3）承担航天飞机和载人飞船的通信和数据传输中继业务。地面上的航天测控网平均仅能覆盖 15% 的近地轨道，航天员与地面上的航天控制中心直接通话和实时传输数据的时间有限。两颗合理配置的中继卫星能使航天飞机和载人飞船在全部飞行的 85% 时间内保持与地面的联系。

（4）满足军事特殊需要。以往各类军用的通信、导航、气象、侦察、监视和预警等卫星的地面航天控制中心，常需通过一系列地球站和民用通信网进行跟踪、测控和数据传输。中继卫星可以摆脱对绝大多数地球站的依赖，而自成一个独立的专用系统，更有效地为军事服务。

中继卫星的优点

中继卫星相当于把地面上的测控站升高到了地球卫星的轨道高度,与地面测控站相比,中继卫星"站得更高",自然也能"看得更远"。它可以将中低轨道的卫星一览无余,并能将中低轨道产生的数据和中低轨道卫星需要的数据,与地面测控站相连,从而有效解决卫星数据传输的问题。两颗中继卫星组网就能基本覆盖整个中低轨道的空域。因此,由两颗中继卫星和一个测控站所组成的跟踪和数据中继卫星系统,可以取代配置在世界各地由许多测控站构成的航天测控网。

相比一般的通信卫星,中继卫星有"三高"优势,即高动态、高码速率和高轨道覆盖率。因此,中继卫星主要用于跟踪、测定中低轨道卫星;为对地观测卫星实时转发遥感、遥测数据;承担航天器的通信和数据传输中继业务。以往各类通信、导航、气象、侦察、监视和预警等卫星的地面航天控制中心,要通过一系列地面站和民用通信网进行跟踪、测控和数据传输,而中继卫星可以摆脱对绝大多数地面站的依赖,自成独立的专用系统,更有效地为用户提供服务。

位于关岛的美国 TDRS 地面站

地球静止轨道光学侦察卫星被称为"间谍卫星之王"的原因是什么

地球静止轨道光学侦察卫星是美国、法国和俄罗斯等航天大国正在研究的新型侦察卫星，该卫星运行在 35800 千米高的地球同步轨道，可同时对地球 40% 的面积进行持续侦察。由于地球静止轨道光学侦察卫星拥有超强的持续侦察能力，因此有"间谍卫星之王"的称号。

目前，光学成像侦察卫星作为许多国家重要的天基信息获取系统，一直是各航天大国重点发展的装备。现役光学侦察卫星为了保证分辨率，大多都运行在地球低轨道或太阳同步轨道上，运行轨道高度一般集中在几百千米至 1000 千米。有些光学侦察卫星为了获得更大的侦察视场，而覆盖更广的范围，运行轨道会高于 1000 千米。例如，美国的 8X 混合成像侦察卫星，其运行轨道高度为 2000 千米。还有声名远扬的美国 KH-12"锁眼"侦察卫星，该卫星全色分辨率可达 0.1 ～ 0.15 米，运行在近地点 398 千米、远地点 869 千米的太阳同步轨道上。

美国发射的詹姆斯·韦伯太空望远镜将被用于高轨高分辨率成像技术研究

光学成像侦察卫星因在低轨道运行，从而拥有较高的分辨率，但从另一方面来讲，低轨道的特性也使得常规光学成像侦察卫星具有周期长、覆盖范围小等缺点。以 KH-12 "锁眼"侦察卫星为例，其绕地球轨道运行一圈的时间为 90.56 分钟，加上地球公转和自转的因素，KH-12 卫星每天飞行至某一特定地区上空只有 1 ～ 2 次机会。因此，只要根据卫星的运行周期计算出过顶时间，采取相应的措施就可以逃避 KH-12 卫星的侦察。

随着武器装备技术和战场环境的转变，各航天大国对战场持续侦察和监视的需求延伸到天基侦察平台，于是他们开始寻求具备持续侦察和监视能力的光学侦察卫星。虽然通过光学侦察卫星组网是实现持续侦察能力的一个途径，但这种方法存在耗资大等缺陷。由于提高卫星轨道可使卫星在侦察目标上空驻留更长的时间，因此如果将卫星轨道提升至地球静止轨道，侦察卫星就可实现对目标的长时间监视和侦察。且人造地球卫星静止轨道只有一条，轨道倾角为零，只要在轨道上均匀分布 3 颗卫星，理论上就可以覆盖全球。

地球静止轨道光学侦察卫星的高时效性和持续监视侦察能力，已成为当前光学侦察卫星的一个重要发展方向。目前，部署地球静止轨道光学侦察卫星的难点主要集中在光学系统。相关资料显示，如果将全色分辨率为 0.1 米的低轨道光学侦察卫星调到静止轨道，其理论分辨率将降到 18 米左右。但即便是这种分辨率，卫星仍可以发现桥梁、公路等大型地面目标。

扩大光学系统口径是提高分辨率的重要途径，相对于低轨道光学侦察卫星，要得到同等分辨率，如果采用增大光学系统口径的方法，地球静止轨道光学侦察卫星的口径需要比低轨道光学侦察卫星的口径大将近 100 倍。这不仅在物镜光学加工制造上有极大的难度，而且卫星庞大的体积和重量也会使目前的火箭无法将其发射到太空。

因此，为了适应未来地球静止轨道光学侦察卫星高分辨率侦察的需求，就需要在光学技术上有所创新突破，在目前火箭最大静止轨道运载能力固定的前提下，研制出符合战术需求的光学侦察卫星系统。现在静止轨道光学侦察技术主要有可展开光学技术、稀疏孔径成像技术等。

一旦高分辨率静止轨道光学成像技术达到实用化，人类将拥有对地全时段持续监视目标的能力，这将是航天侦察领域的一次革命。因为地球静止轨道光学侦察卫星的成像幅宽要远远高于低轨道光学侦察卫星，加上其通常采用的"凝视"技术，因此可同时观测全视场内发生的现象，这意味着其具备对运动目标的实时监视能力，极大提高了卫星使用方的战场实时监视和侦察能力。

此外，天基战场实时监视和侦察能力的提升，也有助于强化使用方对时间敏感目标的打击能力。现代战争对打击时间敏感目标的要求越来越迫切，并且这已经成为夺取战争胜利的一个有效手段。以打击航空母舰为例，地球静止轨道光学侦察卫星利用其独特的战场实时监视和侦察能力，可实时监视移动中的航空母舰，再结合海洋监视卫星和超视距雷达，就可以及时、可靠地对航空母舰编队进行监视，为反航空母舰作战提供精确的实时信息。

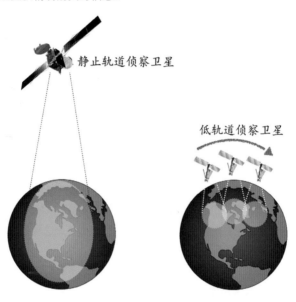

静止轨道侦察卫星和低轨道侦察卫星的侦察范围对比

▶▶▶ 雷达成像卫星与光学照相侦察卫星相比有何优点

光学照相侦察卫星作为一种重要的空间侦察手段，被誉为太空中的"眼睛"，它是利用光学成像设备进行侦察，获取军事情报的卫星。目前，最好的光学照相侦察卫星所拍摄的图像可以分辨出汽车尾部的牌照。不过，光学照相侦察卫星很难在有云层遮挡夜幕下拍摄侦察目标。

雷达成像卫星是利用星载雷达获取目标图像信息的人造卫星，具有成像速度快、覆盖面积大、成像条件不受光照和云雾等气象条件的限制等特点，从而弥补光学照相侦察卫星的不足，因此在军用和民用遥感领域都具有重要应用价值。

雷达成像卫星的雷达向地面发射微波脉冲信号，雷达接收到目标及其背景的回波，经过信号处理得到图像，利用目标与背景对雷达波散射特性的不同，把目标从背景中区分出来，可以测定目标的位置和外形。雷达成像卫星可全天候拍摄目标，并能侦察到传统照片无法得到的信息，例如，埋入地下的管道和掩体等目标。海湾战争中美国曾利用"长曲棍球"雷达成像卫星发现伊拉克军队在沙漠的地下军事设施和掩体。

德国 SAR-Lupe 雷达成像卫星模型

根据成像过程的不同特点，雷达成像卫星可分为普通雷达成像卫星和合成孔径雷达成像卫星两种。普通雷达成像卫星主要获取目标反射波中的振幅信息进行成像，其图像分辨率与雷达工作波长成反比，与雷达天线的尺寸成正比。为了提高分辨率，需采用大孔径雷达天线，但由于受卫星平台的限制，天线的尺寸不可能太大，因此图像的分辨率不高，不能分辨小目标。合成孔径雷达成像能获取目标回波中的振幅和相位两种信息进行成像，图像分辨率有很大提高，但信息处理技术比较复杂。由于雷达成像卫星的成像原理与光学照相不同，因而，对雷达成像图片的判读也需要采取完全不同的方式。

展览中的美国 KH-8 光学照相侦察卫星

当前，美国、俄罗斯、中国、加拿大等国家先后发展了自己的雷达成像卫星，成像分辨率最高已达 1 米。由于电子技术、信号处理技术等的发展，合成孔径雷达成像已经成为雷达成像卫星发展的主流。特别是随着微机械、微电子等微机电技术的发展已日益成熟，这些都为发展低成本、高分辨率的微小型雷达成像卫星奠定了技术基础。

加拿大 RADARSAT-2 雷达成像卫星在轨运行示意

>>> 美国先进极高频军事卫星有何先进之处

先进极高频（advanced extremely high frequency，AEHF）卫星是美国新一代军事通信卫星，它将取代已在轨运行十余年的"军事星"（Milstar）卫星系统，为美军提供高容量、高生存能力、抗干扰、全球范围的安全通信系统。

AEHF 卫星的诞生背景

AEHF 卫星项目是美军近十年来规模最大的太空项目之一。这个由美国与加拿大、英国和荷兰合作的国际项目，原计划单星成本 6 亿美元，后续成本却一升再升，已经突破 10 亿美元，再加上地面终端，整个项目建成则要耗费上百亿美元。

制造中的 AEHF 卫星

美国空军使用 C-5 运输机运送 AEHF 卫星到发射场

美国之所以付出如此巨大的代价去建设卫星通信网络，与美军在 21 世纪初提出的"网络中心战"作战理论密不可分。基于"网络中心战"的作战理论，作战部队将能够承担多样化任务，具备灵活反应能力，能够基于战场环境的变化迅速做出调整。而这种灵活反应能力则严重依赖对战场环境、气象条件、敌我友三方态势的精确把握。虽然在地面战场已经有光纤、微波通信系统能够提供高速通信，但是对于美军的全球作战任务来说，军用卫星通信系统仍然居于不可替代的地位。据统计，美军战场通信中的 70% 是由军用卫星系统承担的。

然而，卫星传输带宽瓶颈与处理能力不足一直是美军提高作战效率的最大制约。在海湾战争中，特别详细的作战命令甚至要用飞机送到航空母舰上去。这种作战方式显然已经无法适应信息化条件下快速反应的需要，令美军大为不满。之后，美军致力于提高军用卫星通信能力，先后发展了两代"军事星"，第二代"军事星"极高频通信速率已经足以传输作战指令，但仍然难以实现战场态势和视频的实时传输。为此，美军必须发展更先进的军事通信卫星。

AEHF 卫星的先进之处

作为美国国防部在军用卫星通信体系结构中期使用的骨干，AEHF 卫星通信系统除了具备更为强大的通信能力外，还采用了大量的先进技术，使其在生存能力、保密性、抗干扰性等方面同样非常出色。

技术人员为 AEHF 卫星安装整流罩

（1）AEHF 卫星采用非常先进的组合推进技术。卫星上携带 3 个推力大小不同、传统推进与电推进相结合的推进系统。随着越来越多的国家掌握航天技术，36000 千米的高度也变得不再安全。因为地球静止轨道通信卫星的位置固定、体积较大且难以隐蔽，用低价值的飞行器直接撞击高价值的通信卫星在技术上并不难实现。为了降低损失，美军不得不考虑提高通信卫星的生存本领。AEHF 卫星携带的大推力发动机，可帮助其避开恶意撞击。AEHF 卫星还采用了氙离子流体霍尔推进器，虽然推力很小，却有着十倍于传统化学推进系统的比冲值。因此，卫星只需携带少量燃料，就可以保持较长时间工作寿命。而推进剂燃料的减少则意味着卫星可以携带更多的有效载荷。

（2）AEHF 卫星采用的抗干扰、抗截获波束控制技术。此前的卫星是采用机械方式来改变电磁波束反射面的，所以只能使波束在某一个时刻属于某一个用户，波形切换速度慢、控制精度低。而 AEHF 卫星则是通过电子方式来改变射频波束的指向，因而其相控阵天线能很便捷地使用户之间的波束瞬间跳变、自由切换。由诺斯洛普·格鲁曼公司研制的"波束成形网络"可使 AEHF 卫星天线自动调零,以便对付潜在的干扰,只有在波束覆盖范围之内的合法用户才能够正常使用卫星。这种抗干扰功能不需要由地面控制和干涉,完全由星上处理,极大地提高了整个系统的反应速度和抗截获能力。

(3) AEHF 卫星具有强大的星间传输和星上处理能力。为了提高星间通信能力,AEHF 卫星携带了 14 副不同形状和用途的通信天线,并用电子管功率放大器取代了行波管功率放大器,使星间通信的波形保真度大幅提高。此前的"军事星"卫星通信系统星间链路的通信速率为 10 Mb/s,AEHF 卫星系统则可以达到 60 Mb/s。这就使得全球范围的远程跨区通信不需要绕行地面中继站点,而全部采用星间通信的方式,既降低了传输时延,又提高了系统的通信吞吐量。同时,这样的通信方式也降低了对地面控制系统的依赖程度,即使地面控制系统遭到破坏,整个卫星星座仍然能够自主运行 6 个月以上。

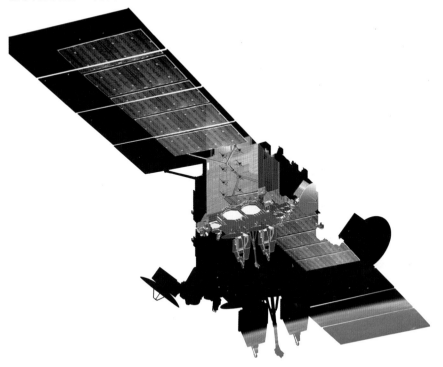

AEHF 卫星在轨运行示意

▶▶▶▶ 微小型卫星的主要作用是什么

微小型卫星是指重量在 1000 千克以下的人造卫星，可进一步细分为："小卫星"（Smallsat），重 100 ～ 1000 千克；"微卫星"（Microsat），重 10 ～ 100 千克；"纳卫星"（Nanosat），重 1 ～ 10 千克；"皮卫星"（Picosat），重 0.1 ～ 1 千克；"飞卫星"（Femtosat），重 0.1 千克以下。

微小型卫星主要用于通信、对地遥感、行星际探测、科学研究和技术试验，其发展依然受需求牵引和技术推动的制约，因此更广泛的应用需要在关键技术上有革命性的突破与创新。这些新技术主要包括电推进技术、多功能结构、微机电系统、一体化设计、先进的存储器与计算机软件技术以及轨道控制技术等。随着这些技术不断被攻克，微小型卫星必将成为主要航天器之一，并作为大型航天器的补充，在军事、国民经济各大领域中得到广泛应用。

美国国家航空航天局研制的 ST5 小卫星

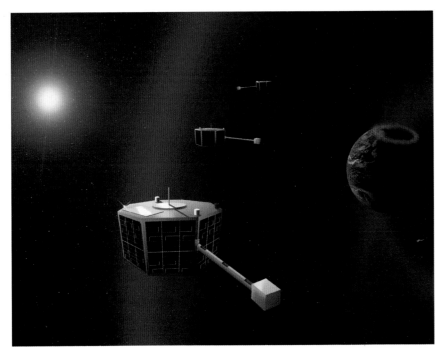

多颗 ST5 小卫星在轨运行示意

微型计算机的成功开发和广泛应用，推动了信息科技的革命。微小型卫星的成功和使用，也在航天领域引发了一场技术革命。它使卫星的用户从单一的国家，变成了国家、部门、单位乃至个人的多元化格局。它的研制单位，也将从少数国家航天部门发展到各大高校。微小型卫星技术为天网、地网合一的立体化信息高速公路提供了技术支持，为 21 世纪的通信、航天、环境与资源等领域开创了可持续发展的新格局。在军事领域，诸如侦察、通信、指挥、决策、后勤及武器装备等方面，微小型卫星将起到重要作用。

微小型卫星体积小、重量轻、研制周期短、成本低、发射方式灵活，在军事上有较大的应用潜力，20 世纪 80 年代中期以来受到越来越多国家的重视。微小型卫星不需要大型火箭和大型发射场，可用小火箭随时随地机动发射，因此很多国家已将其列入国家级研究计划，并视其为 21 世纪技术与经济发展的一个制高点。

目前，美国已经发射了多种重量在几百千克以下的小卫星和重量不足 10 千克的试验型纳卫星和皮卫星；英国、瑞典也在 2000 年发射了纳卫星；法国、印度、阿根廷、智利、巴西、韩国、泰国、巴基斯坦等国已经有了自己的小卫星。此外，印度尼西亚、马来西亚、菲律宾等国正在与航天大国合作研制小卫星或微卫星。

　　未来，微小型卫星主要有两个发展方向。一是研制轻型单颗卫星，这类微小型卫星已经开始执行地球观测任务，提供达到军用分辨率的图像。美国空军未来的全球定位系统（GPS）卫星每颗重量将不超过100千克；二是将微小型卫星组成星座，进行编队飞行，以代替昂贵的单颗大型卫星，例如，天基雷达（SBR）群、长基线信号情报（SIGINT）星座以及连接小型地面终端的通信卫星群等。

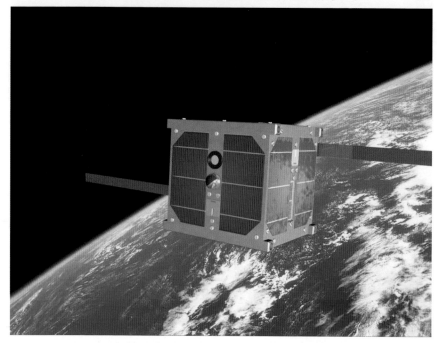

爱沙尼亚 ESTCube-1 小卫星在轨运行示意

▶▶▶ 绳系卫星的作用原理是什么

　　绳系卫星，顾名思义，是由绳索系着的卫星，它由一根绳索拴在另一个航天器上，可以在这个航天器的下方或上方一起绕地球运行。

　　绳系卫星有许多特别的用途，如对离地面100～200千米的地球行星空间进行探测。对飞机和气球来说，这个高度太高，而对卫星来说，这个高度又太低，都无法到达，而探空火箭的探测空域和时间又非常有限。绳系卫星在绕地球飞行时，可充分收集这里的大气数据，了解太阳活动如何通过高、中层大气影响地面气候和天气变化等。若是一串绳系卫星，则可收集到不同高度的有关数据。

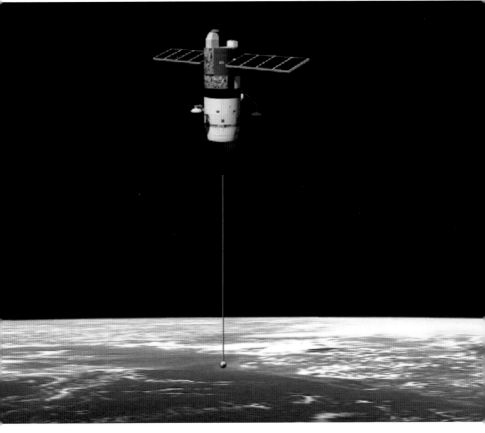

绳系卫星运行示意

在离地面 120 千米左右的上层大气中，是 2 微米以下宇宙尘埃的高密度分布区，而且没有地面上风化的细砂土、火山喷发的尘埃、飞机和航天器燃气的混杂和污染。用绳系卫星收集这些宇宙尘埃粒子，并分析它们的化学性质，是研究天体演变过程的重要手段。

绳系卫星的系绳若是由导电材料制成的，那么它也是一个探测器，可以对电离层和地球磁力线的磁场进行探测，研究太阳风和地球磁场、太阳风和彗星尾迹的等离子体流之间的相互作用。

由导电材料制成的绳系卫星的系绳，在绕地球运动时切割地球磁力线，从而成为一台发电机，可以向绳系卫星和牵引它的航天器供电。它就像一台不需要推进剂的推进系统，可将牵引它的航天器送入更高的轨道，其效能是火箭发动机的 7 ～ 10 倍。

绳系卫星的原理是动量矩守恒。一个物体或体系的动量，是它的质量与速度的乘积。在没有外力的作用下，一个体系的动量不变，这叫动量守恒。角动量、动量矩都遵守这个规律。一个体系的动量、角动量或动量矩虽然不变，但可以转移。

在一个航天器的上下各拴一颗绳系卫星，让它们转动起来后，就可始终相互绕转，产生人工重力。这是因为下降的绳系卫星可将动量转移给上升的绳系卫星，这叫系缆。用系缆的方法可将低轨道航天器上的物资送到高轨道，甚至月球上。

美国海军研究实验室的 TiPS 绳系卫星

🔔 **小贴士：**

1992年和1996年，意大利研制的绳系卫星，两次由美国航天飞机携带，在太空进行试验。第一次由于绳索缠绕，只释放到250米（原计划20千米），但它产生了40伏特的电压及1.5毫安的电流。第二次释放到19.3千米，产生了3000伏特电压，可惜这时绳索断裂，绳系卫星丢失。

备受关注的"星链"计划有何军事价值

　　美国太空探索技术公司（SpaceX）的"星链"计划备受各界关注，该计划于2015年2月启动，截至2022年6月已发射2500余颗"星链"卫星，但这仅相当于总计划的6%，最终的"星链"将由4.2万颗卫星组成。

　　虽然"星链"计划公开宣称旨在组建天基互联网，但美国军方早已深度介入该计划，其军事应用意图十分明显。事实上，美军提出的"多域作战""马赛克战""作战云"等新型作战概念，都以"星链"提供的分布式极速数据通信为技术支撑，以达成"从传感器到武器"的内聚式联合作战效应。

　　"星链"卫星的应用范围包括通信传输、卫星成像、遥感探测等。这些应用同样适用于军事领域，并能进一步增强美军作战能力，包括通信水平，全地域、全天候侦察能力，空间态势感知能力和天基防御打击能力等。另外，"星链"卫星网络还可以解决美国本土与海外军事基地的无缝衔接问题，以及困扰美国国防部许久的5G网络建设中的既有频谱占用和腾退问题等。

2019年11月11日"猎鹰9号"火箭携带60颗"星链"卫星升空

▶▶▶▶ 高空气球作为空天侦察平台有何优点

在现代战争中，来自空天方向的侦察和情报支持已经变得必不可少，但是传统侦察平台并非十全十美，如当前侦察卫星主要存在研制成本高、使用寿命短和单颗卫星定点监控能力弱等问题，而各种军用侦察机飞行高度普遍偏低，滞空时间不够，难以对一个较大区域进行全天候无间断的长时间监控，因此像高空气球这类临近空间浮空器就受到了重视。

研究表明，高空气球作为空天侦察平台，具备很多优点。首先，和军用飞机与卫星相比，高空气球的生产成本和使用成本都相对低廉。其次，高空气球可以长时间滞留于空中，飞机在空中的飞行时间通常以小时来计算，而气球则是以天甚至月来计算，这使得它能够长时间持续工作，而且气球能够在目标地域上空悬停较长的时间，可以对目标进行持续、定点探测。再次，高空气球侦察视野宽阔，在 20 千米以上高度飞行的气球，其雷达对地面侦察覆盖面积可达 1200 平方千米。最后，相较于卫星，气球的飞行高度低，从而能以更高的分辨率进行拍照摄像。

目前，较有代表性的高空气球是美国的 ULDB 气球。该气球设计目标是可搭载 1.5 吨的载荷，在 35000～38000 米的高空，实现超过 100 天的近地空间飞行。当前该项目已经过多次试验飞行：2008 年，在南极创造了高纬度飞行 54 天的纪录；2016 年，在南半球又创造了中纬度飞行 46 天的纪录。

2021 年 9 月，美军"多域特遣队"在挪威进行了"雷云"演习，在演习中美军使用了 8 套高空气球系统，充当"超低轨道卫星"。美军在演习中使用的高空气球携带一个带有太阳能电池的载荷飞到数万米的高度，既能够对数百千米范围内的目标进行光学和电子侦察，也能够作为通信节点提供信息联通，

测试中的 ULDB 气球

其获取的情报信息可以直接成为"远程精确打击火力"的瞄准信息，并引导火力打击。有分析认为，该系统几乎没有高空无人机的留空时间限制，而且远比调动空军的无人机来得简单方便。不难看出，未来高空气球作为简化版的"天眼"，必将得到进一步的发展。

🔔 小贴士：

多域特遣队是美军为进行"多域战"而打造的实验部队，目的在于打破军种、领域之间的界限，拓展陆、海、空、天、电、网等领域联合作战能力，以实现同步跨域火力控制和全域机动。

▶▶▶▶ 美国正在发展的"太空加油"技术有何价值

美国国家航空航天局（NASA）正在研究如何为在轨运行的卫星提供燃料加注服务，未来或将研制出燃料补给卫星，对其他卫星进行在轨燃料补给，以延长其服役寿命。

美国"奋进"号航天飞机准备与国际空间站对接

卫星的服役寿命取决于多种因素，一般情况下，科研人员在研制卫星时，卫星的设计寿命往往取决于它能够携带多少燃料。虽然卫星上都安装有太阳能帆板电池，但由于要长期在轨运行，卫星还需要消耗燃料来进行轨道维持、误差修正、调整姿态以及应急变轨等动作。

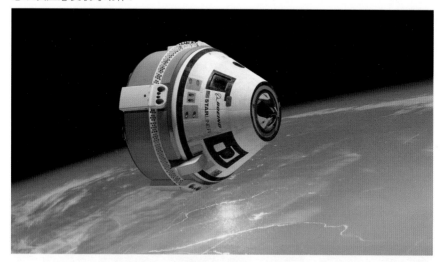

美国 CST-100 "星际线" 宇宙飞船飞往国际空间站

当前，随着科学技术的不断成熟，卫星本身元器件的性能已经达到了一定的高度，而燃料却成为影响卫星服役寿命的重要瓶颈。如果燃料耗尽，卫星就无法继续在轨运行。轨道高度的降低将使卫星逐渐坠入大气层烧毁，而有些卫星本身元器件都完好无损，仅仅是因为燃料耗尽而无法维持其轨道高度，地面控制中心不得不将其放弃。因此，美国科研人员试图研究进行轨道燃料加注的相关技术，以便未来对燃料耗尽的卫星进行补给。

从技术层面上说，目前人类已经掌握的交会对接、空间机械臂等技术，能够支持 NASA 完成 "太空加油" 任务。但在风险控制方面还有待加强，尤其是加注过程中容易发生泄漏等危险，如何避免这类危险，还需要进一步探讨。

卫星上通常使用的氧化剂是四氧化二氮，它是一种非常危险的化学物质，有毒，也有腐蚀性，需要经过特殊处理，在转移过程中需要非常小心，稍有不慎就会导致加注失败，甚至导致卫星失效。为了解决这一问题，美国科研人员已经进行了地面卫星燃料的转移实验。该实验通过机器人测试了如何安全地转移氧化剂，全过程模拟了卫星所处的轨道环境，此外，美国科研人员还试图使用乙醇作为卫星燃料的替代产品。

站在机械臂上的美国航天员

值得一提的是，现在的卫星设计都是以一次性使用为前提的，补加燃料的可行性不大。今后的卫星如果需要进行在轨补加燃料，在设计之初就需要安装一套较为复杂的燃料加注系统，这也会占用卫星一定的有效载荷。

虽然目前"太空加油"计划看上去困难重重，但其未来的应用价值不可低估。卫星在轨燃料加注需要先进的自动交会对接系统、机械臂等捕获装置，该技术未来甚至可以为行星防御、大型轨道结构的安装等进行服务。"太空加油"技术一旦被广泛采用，将对后续卫星、飞船等航天器的设计理念有所突破，太空开发的成本也将有效降低，同时还能有效减少太空垃圾的数量。

▶▶▶ 太阳能无人机能不能替代部分卫星

太阳能无人机是指采用太阳能作为能源，使用电力驱动，可进行长航时飞行的航空器。美国是世界上最早研制高空太阳能无人机的国家。1974 年 11 月 4 日，美国研制的世界上第一架用太阳能驱动的"黎明"（Sunrise）无人机在加利福尼亚州试飞成功。随后，英国、德国等国家也开始陆续开展或加大了关于高空太阳能无人机的研制工作。目前，美国国家航空航天局、美国国防部高级研究计划局及一些私营公司已研制出高空、临近空间太阳能无人机，其技术水平居于世界前列。

美国国防部高级研究计划局研制的"秃鹰"太阳能无人机飞行示意

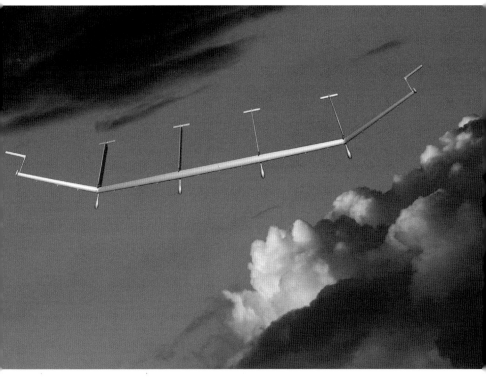

美国国防部高级研究计划局研制的"太阳鹰"太阳能无人机飞行示意

　　进入 21 世纪，随着能源系统的升级换代，以及总体优化、轻质高强度结构等学科水平的提升，太阳能无人机获得了快速发展，并逐渐发展出柔性机翼无人机和硬式机翼无人机两种技术路线。柔性机翼技术继续沿用了超大翼展技术思路，通过增大无人机尺度以获得更强的能源采集能力，采用薄膜结构以减轻结构重量，进而实现载荷能力的提升。硬式机翼技术则更强调无人机使用的维护性能，通过采用高效能源管理、轻质高强度碳纤维结构、高升阻比气动设计等手段，将无人机翼展控制在中小尺寸，并凭借高强度碳纤维结构有效适应对流层环境。

　　由于太阳能无人机具有续航时间长、飞行高度高、机动灵活等优势，因此成为各国大力发展的对象。同时，太阳能无人机以太阳光为能源，在白天将多余能量储存在蓄电池中，夜晚通过蓄电池持续飞行。与以化学燃料为能源的飞机相比，太阳能飞机不会污染大气，属于真正的绿色环保飞行器。超长的续航时间以及较高的飞行高度使太阳能无人机像一颗在临近空间运行的"准卫星"一样，可执行各类遥感、通信类任务。

　　与卫星相比，太阳能无人机的"发射回收"成本更低，不需要成本高昂的运载火箭，当需要升级维护时，返回降落至地面即可。此外，和卫星相比，在平流层飞行的太阳能无人机与地面的距离分别是地球同步轨道卫星、地球中轨道卫星和地球低轨道卫星的 1/1800、1/400、1/40，其自由空间衰减与传输延时显著降低，有利于发射和接收终端的小型化、宽带化。另外，无人机平台自身造价在百万或千万量级，与卫星的数亿量级相比，成本也大幅降低，且可单机独立运行，因而建设周期短，初期投资少。

　　除了通信类应用外，太阳能无人机还可搭载高分辨率相机，对地实现 0.1 ~ 0.2 米分辨率的观测成像，这些图像信息可应用于土地确权、不动产登记、城市测绘、国土资源调查、灾害评估等诸多领域，具有巨大的潜在社会经济效益。

　　太阳能无人机的应用前景非常广阔，但它离大规模应用还有较长的路要走。一是太阳能无人机自身的使用、维护、性能等方面需要进一步提升，使其具备更强的环境适应性。二是无人机载荷能力和任务设备需求要匹配，这有赖于无人机平台自身能力的提升和任务设备的进一步轻量化、低功耗设计。三是通过冗余设计、可靠性试验等手段进一步增强无人机的可靠性，保障超长任务航时。

英国凯奈蒂克公司研制的"西风"太阳能无人机

🔔 小贴士

　　美国谷歌、Facebook等互联网公司为开拓市场，推动实现偏远地区互联网接入，均通过收购专业无人机公司的方式来发展太阳能无人机，希望其能成为独立于卫星、地面基站的第三种通信基础设施。利用太阳能无人机作为平台，将信号中转传输至覆盖区域，实现互联网信号接入，还可通过多机接力"组网"，实现覆盖范围的进一步拓展。

＞＞＞ 货运飞船的主要作用是什么

　　货运飞船是一种专门运送货物到太空的航天器，其主要任务是向空间站定期补给食品、货物、燃料和仪器设备等。货运飞船既是国际空间站补给物资的重要运输工具，也是空间站的地面后勤保障系统。

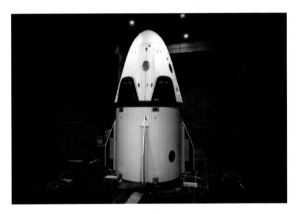

美国"龙"飞船

　　货运飞船的主要作用有三个：一是补给空间站的推进剂和氧气的消耗，运送空间站需要维修和更换的设备，通过各种手段延长空间站的在轨飞行寿命；二是运送航天员在太空工作和生活的各种必需品，保障空间站航天员在轨中长期驻留和工作；三是运送空间科学实验设备和用品，建造并保障空间科学实验与应用的条件。

　　货运飞船与空间站对接后，将根据空间站的需

俄罗斯"进步"号飞船

求分次进行推进剂补给，实现航天员生活用品和舱压气体的补给，存储空间实验设备和用品，收集废弃物，在完成任务后坠入大气层烧毁。

目前，世界上的货运飞船主要有美国的"龙"飞船、俄罗斯的"进步"号飞船、欧洲的自动货运飞船（ATV）等。

"龙"飞船由美国太空探索技术公司 SpaceX 自主研发，飞船的加压舱带有热防护罩，可在返回时耐受极高温安全降落，实现回收并重复使用，这也使得"龙"飞船成为第一种具备大量货物下行能力的货运飞船。"龙"飞船长 5.9 米，最大直径为 3.6 米，自重 4.2 吨。其运送载荷最大质量为 6 吨，返回载荷最大质量为 3 吨，它采用的是降落伞水上溅落的回收方式。第一代"龙"飞船共发射 22 次，20 次成功入轨，1 次试飞，1 次失败。第二代"龙"飞船的首次国际空间站补充物资任务于 2020 年 12 月顺利完成。截至 2024 年 4 月，第二代"龙"飞船共完成了 9 次货运任务。

"进步"号飞船是人类第一艘货运飞船，首艘飞船"进步 1 号"于 1978 年 1 月 20 日在苏联拜科努尔航天中心发射。"进步"号为无人驾驶飞船，由仪器舱和货舱组成，货舱容积为 6.6 立方米，可运送 2.6 吨各类货物。燃料舱可携带 1 吨燃料，可自行飞行 4 天，最新型"进步 MS"系列飞船具有额外的防护太空垃圾和微陨石的能力。"进步"号飞船本身不像载人飞船那样可以回收，一般在完成补给任务后，航天员会将空间站上产生的各种生活垃圾和废物填入"进步"号，这些垃圾会随"进步"号离轨一同销毁。

欧洲的自动货运飞船，全长 10 米，最大直径为 4.5 米，重量约为 10 吨。它的运货能力最大可达 7 吨。从 2008 年到 2014 年自动货运飞船共发射了 5 艘，今后将不再发射。欧洲航天局正在研制可以运送货物返回地球的货运飞船。

欧洲首艘自动货运飞船"儒勒·凡尔纳"号

哈勃太空望远镜的作用是什么

在各种天文卫星中，名声最大、影响最大的当数美国的哈勃太空望远镜（Hubble Space Telescope）。它以著名天文学家、美国芝加哥大学天文学博士爱德温·哈勃（Edwin Hubble）命名，是在地球轨道上并且围绕地球运行的太空望远镜。

哈勃太空望远镜的位置在地球的大气层之上，因此影像不会受到大气湍流的扰动，视相度绝佳，又没有大气散射造成的背景光，还能观测会被臭氧层吸收的紫外线，是天文史上最重要的仪器之一。它成功弥补了地面观测的不足，帮助天文学家解决了许多天文学上的基本问题，使得人类对天文物理

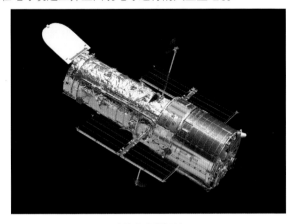

哈勃太空望远镜

有了更多认识。此外,哈勃太空望远镜的超深空视场是天文学家目前能获得的最深入、最敏锐的太空光学影像。

哈勃太空望远镜由三大部件系统组成：光学部件、科学仪器、保障系统。光学部件是一架卡塞格伦式光学望远镜。入射光由 3 米宽的舱门进入，射到直径为 2.4 米的主镜上，再反射到它前面 4.88 米处的副镜上。副镜将光线聚焦后，重新再返回到主镜，从主镜中央小孔穿过到达焦平面。考虑到振动、温度、重力等变化的影响，主镜和副镜上分别有 24 个和 6 个作动器，用于进行调节，使聚焦光线能到达焦平面。哈勃太空望远镜上的科学仪器包括广角行星照相机、暗弱天体照相机、暗弱三体摄谱仪、戈达德高分辨率摄谱仪和高速光度计。哈勃太空望远镜上还装有精确制导敏感器，它可测出哈勃太空望远镜到目标天体的距离，测量精度是地面望远镜的 10 倍。

整个哈勃太空望远镜的设计从各方面来讲，都是相当先进的，其观测能力大大超过了地面所有的光学望远镜和已有的天基望远镜。据估计，哈勃太空望远镜能观测到 27 等星那样微弱亮度的恒星，这种恒星比地面上 5 米口径望远镜观察到的星光亮度暗 50 倍。

抛光中的哈勃太空望远镜主镜

哈勃太空望远镜与"发现"号航天飞机中释出

　　1990 年 4 月 24 日，"发现"号航天飞机携带哈勃太空望远镜发射升空，进入
610 千米高的地球轨道。经过地面测控与调整，它开始了太空观测任务。哈勃太空
望远镜的主要任务是观测宇宙大爆炸后 10 亿年内星系形成的整个过程，为科学家提
供有关黑洞、行星、恒星和星云的活动细节，以解答数不清的关于宇宙及天体的奥
秘，如宇宙起源之谜、宇宙年龄之谜、神秘的黑洞之谜、类星体之谜和恒星演化之谜。
哈勃太空望远镜在投入天文观测后，凭借其得天独厚的观测技术和条件，先后获得
了一些重大发现，极大地推动了天文观测史的进步。

携带哈勃太空望远镜的"发现"号航天飞机升空

🔔 小贴士

　　2016 年 3 月 4 日，人类宇宙观测距离纪录再次被哈勃太空望远镜刷新，成功捕捉到了
距离地球达 134 亿光年的 GN-z11 星系发出的微光。这个名为 GN-z11 的星系是一个异常明
亮的"婴儿星系"，位于大熊星座方向。换句话说，人们现在观测到的是它在宇宙大爆炸
后 4 亿年时的样子。

>>> **太空战与传统战争相比有何特点**

所谓太空战是指敌对双方在外层空间进行的军事对抗或双方在宇宙空间为陆战、海战、空战提供军事支援，以陆地、海面（水下）、空中为平台对敌方航天器进行的攻防行动。

太空战是取得压倒对方的军事优势，保障战争计划实现的重要手段，其作战样式可采取"地对天""天对天""空对天""天地一体"等形式。太空战是整个战争的一个重要组成部分，它可能发生在战争过程中、战争爆发前或战争初期。根据不同的目的、条件和时间，太空战担负的主要任务有侦察、预警、监视、定位、通信、弹道导弹拦截直至摧毁航天兵器等。

随着航空航天技术兵器的不断进步，太空战对高技术战争理论产生了重大的影响。美军认为，在未来几十年内，空间武器在对传统的陆、海、空战场的支援保障、反卫星和反弹道导弹等方面将获得进一步发展，从外层空间对传统战场的陆、海、空目标进行攻击将成为现实，"空天一体战"将成为必然，"天军"也将随之出现。

在这一思想的指导下，美国空军把开辟空间战场作为其21世纪军事战略的重要组成部分，并期望由此获得航天优势、信息优势、全球攻击、迅速进行全球机动和敏捷的战斗支援等多项核心能力，强调以优势的军事航天力量确保控制外层空间，以掌握未来战争的主动权。

1983年美国总统里根发表著名的"星球大战"演讲

太空战是典型的高技术战争，其特点主要表现在以下几个方面。

（1）作战高度自动化航天高技术是航天运载技术、航天材料、微电子技术、信息工程、计算机技术、光学遥感技术以及定向能武器和生物工程等高技术群体的综合产物，是集多种高新技术于一体的密集型信息化系统。可见，航天兵器是由侦察系统、通信系统、指挥系统、控制系统、武器打击系统及供应系统等若干个系统综合而成的高度自动化系统，它可使太空战的作战行动形成一个高度协调的作战控制整体。从太空战的作战环境和执行的作战任务来看，它不是一项孤立的行动，而是地面、太空等多维空间整体高度协调的作战行动，也是一个高度自动化的过程。

（2）作战高效性。太空战是一种以密集型高技术武器为基础的联合作战形式，它包括了双方的航天武器在外层空间所进行的对抗，如互相摧毁对方的卫星、洲际弹道导弹和天基平台，还包括航天武器与地面协同作战，如利用天基平台的定向能武器和动能武器摧毁地面的重要目标，或者用地面的高能武器摧毁外层空间的目标。此外，航天作战还可以利用空间系统为火炮、导弹、飞机、舰艇等提供敌方目标的精确位置并进行实时导航，直至准确攻击和摧毁目标；通过空间系统的侦察，及早地发现与监视敌人；甚至还可以利用空间系统改善武器装备的部署方式和作战距离，提高武器命中精度和毁伤程度，并可提供杀伤效果的信息，结合作战效果进行综合评估；等等。以此提高全空域协同作战的效率性。

卫星攻击卫星示意

（3）维修保障难度大。航天武器系统技术复杂，加之处于特殊的太空环境，有的设备较易损坏，故障时有发生，维修也显得十分困难。据统计，俄罗斯的"和平"号空间站在运行的15年中共发生了近2000次故障，其中近100次故障一直未能排除，站上的航天员约2/3的工作时间用于进行设备的保养和维修。可见，未来太空战的维修、保养工作是十分繁重且复杂的。另外，由于航天兵器的物资给养需要从地球上通过多种途径供应，保障工作的难度非常大。例如，在"和平"号空间站与航天飞机的9次对接中，耗费了巨资，才完成43名航天员和34吨设备与补给品的运送任务。

（4）对天军战斗人员的要求高。军用航天器和太空武器的信息化、智能化程度极高，只需要很少的人员甚至无人操作即可作战，因此，未来的太空战中极有可能出现无人战斗或机器人对垒的场面。"技术越密集的战争样式，直接参战的人员越少"的战争规律在这里将得到进一步的体现。不过，"天军"战斗人员均为经过特殊训练的航天员，培训周期长、费用高。在通常情况下，他们的日常任务为对天、地情况进行观测、监视和识别，并从事太空战的运输、加注燃料、对航天器进行操作控制和维修等。在战斗情况下，任务更加艰巨。可见，"天军"战斗人员的科技素养、身心素质、工作、生活、医疗保障等的要求远较其他战斗兵员要高。

▶▶▶ 美俄两国组建的"天军"有何特点

正如船舶的发明必然导致海军的建立，飞机的出现导致空军的建立一样，军事航天技术的发展也势必产生一个新型军种——"天军"。

"天军"是独立于陆、海、空之外的新军种，是在宇宙空间作战的军队，其主要任务包括太空作战，支援空中、地面、海上作战和开发宇宙空间等。"天军"是一个多兵种的合成军队，除指挥机关和航天院校外，还有许多兵种部队，包括太空舰队、地基部队、航天和空天飞机部队、火箭部队、C4I部队等。

太空舰队是太空空间作战部队；地基部队是"天军"的地面部队，是"天军"的基础和战略基地；航天和空天飞机部队是"天

美国空军太空司令部徽章

军"的战略预备队；火箭部队相当于"天军"的运输队，主要担负发射卫星、航天飞机、宇宙飞船、轨道站和其他太空飞行器，为太空舰队、太空工厂补充武器装备和各种作战、生活物资等；C4I 部队是"天军"的大脑和神经系统，其任务是及时准确地搜集、处理、传递各种军事信息，保障"天军"指挥员的正确决策和对"天军"各部队实施有效的控制和及时正确的指挥。谁控制了太空，谁就占领了地球的制高点；谁占领了制高点，谁就能获得战争的主动权。

美国空军自 1947 年正式成立以来，经过 70 多年建设，已发展成一支能"全球作战"的空中力量。随着空间技术的迅速发展，美国空军决定在未来战争中将更多地依靠空间力量，由"航空"向"空天"转变，建立起一支快速、机动、高效的"天军"。美国空军于 1982 年成立了太空司令部（Air Force Space Command，AFSPC），1993年又建成了太空战争研究中心。2000 年，美国空军颁布的《航空航天部队：保卫 21世纪的美国》白皮书指出，美国空军将由现在的空战为主转变为既可空战又可在太空作战的"航空航天一体化"的空军。这是美军第一次以纲领性文件的形式，确定本国"天军"计划。

时至今日，美国建立"天军"的技术基本成熟，下一步，空军将着手"天军"人员操作航空航天器能力的培养，提高他们当"天军"的意识。美国的"天军"由战斗部队和军事航天员部队组成，监测战斗部队则由航天器及洲际导弹的监视人员、负责截击敌方导弹和军事航天器的作战部队组成。他们负责监视来自空中、水下和地面的洲际导弹，跟踪外层空间的敌方飞行器，发现情况及时

俄罗斯空天军徽章

预警，并由反卫星卫星、反卫星导弹、定向能和动能武器等作战部队实施拦截作战。在美国空军的 2025 年设想中，要在外层空间部署太空战斗机部队，以便随时摧毁其他国家的航天器。

目前，美国空军太空司令部辖有两支编号航空队，即第 14 航空队和第 24 航空队。第 14 航空队总部位于加利福尼亚州范登堡空军基地，负责航天领域，支持美国战略司令部和北美防空司令部。第 24 航空队总部位于拉克兰空军基地，负责赛博领域。

美国的种种做法迫使俄罗斯迅速采取措施，加快了"天军"的组建步伐。1992年 8 月 10 日，俄罗斯太空军成立，1997 年并入战略火箭军。2001 年，俄罗斯太空军再次成立，2011 年，俄罗斯太空军改组为俄罗斯空天防卫军。2015 年 8 月 1 日，俄罗斯空军和俄罗斯空天防卫军合并为俄罗斯空天军。

未来"天军"的主要作战武器是什么

"天军"的主要作战手段分为软、硬两类。软手段是通过破坏对方天战兵器的光电仪器设备来毁伤目标，硬手段是直接摧毁航天器本身。以目前的技术水平及可能的发展来看，"天军"在太空战中所使用的武器主要有各类军事卫星、载人航天器、定向能武器、动能武器等；按其作战平台所处的空间分为天基和地基两大类。

定向能武器

定向能武器通过发射高能激光束、粒子束和微波束照射目标，使目标毁坏或丧失工作能力。定向能武器包括激光武器、粒子束武器和微波武器，部署平台有地基、空基和天基。定向能武器主要以热效应、冲击效应和辐射效应杀伤目标，具有能量大、速度快、精度高的优点。

（1）激光武器。目前，较成熟的定向能武器是激光武器。激光武器反卫星的方式通常有两种：一是利用高能量的激光完全摧毁卫星；二是利用低能量激光干扰和致盲破坏其光电传感器。由于卫星轨道容易探测到，光电仪器设备的破坏阈值较低，因而相对于战略反导激光武器而言，其技术难度较小，费用较低。

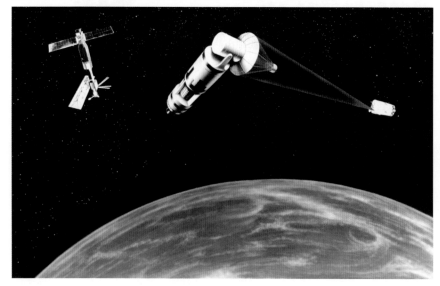

激光武器攻击示意

激光武器的本质是利用光束输送巨大的能量，与目标的材料相互作用，产生不同的杀伤破坏效应，如烧蚀效应、激波效应、辐射效应等。正是依靠这几种效应，激光武器成为理想的太空武器。这种武器可以装载在航天飞机之类的太空飞行器上，用于攻击地面、空中或太空中的目标。

（2）粒子束武器。离子束武器是利用粒子加速器原理制造出的一种新概念武器。带电粒子进入加速器后就会在强大的电场力的作用下加速到所需要的速度，这时将粒子集束发射出去，就会产生巨大的杀伤力。粒子束武器发射出的高能粒子以接近光速的速度前进，用以拦截各种航天器，可在极短的时间内命中目标，且一般不需要考虑射击提前量。粒子束武器将巨大的能量以狭窄的束流形式高度集中到一个点上，是一种杀伤点状目标的武器，其高能粒子和目标材料的分子发生猛烈碰撞，产生高温和热应力，使目标材料熔化、损坏。

（3）微波武器。微波武器由能源系统、高功率微波系统和发射天线组成，主要利用定向辐射的高功率微波波束杀伤破坏目标。微波武器全天候作战能力较强，有效作用距离较远，可同时杀伤几个目标。特别是微波武器完全有可能与雷达兼容形成一体化系统，先探测、跟踪目标，再提高功率杀伤目标，达到最佳作战效能。这种武器既能进行全面毁伤、摧毁敌方电子设备，又能实施精确打击、直击敌方信息中枢。可以说，微波武器是现代电子战、电磁战、信息战不可或缺的基本武器。

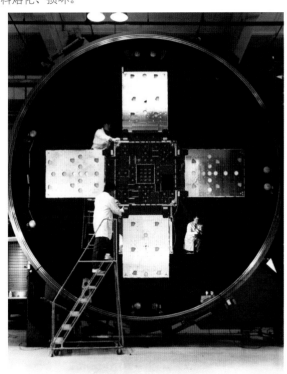

美国海军实验室的激光卫星模型机

动能武器

所谓动能武器，是指能发射出超高速运动的弹头，利用弹头的巨大动能，通过直接碰撞的方式摧毁目标的武器。动能武器不是靠爆炸、辐射等其他物理和化学能量去杀伤目标，而是靠自身巨大的动能，在与目标短暂而剧烈的碰撞中杀伤目标。所以，动能武器是一种完全不同于常规弹头或核弹头的全新概念的新式武器。

美国陆军自 20 世纪 80 年代以来一直致力于发展利用动能反卫星的武器系统。携带动能杀伤拦截器（KKV）的三级固体助推火箭从发射井发射，其末端制导采用可见光导引头，并运用推力矢量技术调整 KKV 的姿态和轨道，直至将 KKV 导向卫星。美国国家导弹防御系统配备了两种动能拦截器，分别利用了红外成像末端制导技术和推力矢量技术，两种动能拦截器均具备反卫星的能力，并且已经接近实战水平。也兼具反卫星的能力，这两种利用动能的反卫星武器系统已接近实战水平。

美国劳伦斯·利弗莫尔国家实验室提出了一种被称为"智能卵石"的天基动能拦截弹方案。"智能卵石"集目标探测、跟踪、拦截等各种功能于一体，可以由运载火箭或其他航天器运载，部署在环绕地球的各种轨道上。当"智能卵石"接收到攻击指令时，它上面的高性能计算机可以根据探测系统侦测到的目标数据，迅速计算出目标的精确位置和飞行轨道，并发出控制指令，控制拦截导弹向目标发起攻击。"智能卵石"体积小、重量轻、成本低，便于大量发射升空。如果用运载能力为 5 吨多的美国"大力神"火箭发射，一枚火箭一次就可以向太空轨道部署上百枚"智能卵石"。"智能卵石"已经进行过地面上的试验。

电磁炮是利用电磁力发射高速弹丸的装置。美国国防部和美国空军正在进行一项名为"电磁轨道系统"的天基动能武器研究计划，由安装在模拟空间环境的真空室里的电磁炮发射的小型弹头的速度已达 8.6 千米／秒。电磁炮可用于拦截洲际弹道导弹和中低轨道卫星。由于电磁炮工程技术复杂，目前仍停留在实验室研究阶段。

太空雷

即使是极小的物体，只要速度够快，也能对卫星产生极大的破坏力。由此，太空雷的概念应运而生。太空雷是一种轨道封锁武器，由爆炸装置、引信、遥控系统和动力系统等构成，平时部署在空间轨道上，形成一定的障碍。当军事航天器进入雷区时，太空雷通过自身引信或地面的指令来引爆，用爆炸形成的碎片击毁航天器。太空雷既可以预先部署，也可以机动部署。

太空雷的另一种方案是利用卫星携带大量的非机动小物体，在需要时从卫星释放出来，运行在地球轨道上，形成地球轨道封锁区。由于卫星和小物体之间的相对速度高，所有经过的目标卫星都会遭到损害或毁坏。

太空雷方案是苏联为对抗美国"星球大战"计划而提出的，造价低、作用大。

太空雷一旦部署，将对轨道上的航天器造成灾难性的影响，后患无穷。目前，太空雷方案仅停留在实验室中，并没有实际部署，但未来仍是反卫星武器的一种选择。

高空核爆炸

高空核爆炸将产生两种后果：一是核爆炸所产生的高功率电磁脉冲能使卫星失效；二是核爆炸所产生的 X 射线、中子等辐射足以对附近的卫星造成严重的破坏。高空核爆炸能使近地轨道上各种卫星的寿命由几年缩短为几个月甚至更短。

研究表明，在南北纬 30 度以外的高空核爆炸可以影响 2000 千米高度以上轨道上的卫星，而南北纬 30 度以内的高空核爆炸可以影响 2000 千米高度以下轨道上的卫星。这种攻击武器可以假借核试验的名义对卫星进行攻击。美国、俄罗斯等国已经拥有高空核爆炸反卫星能力。

电子攻击

对卫星进行电子攻击是一种低成本的"软"攻击方法，攻击的主要目标是通信卫星和其他卫星的通信、数据与指令链路。所有卫星通信系统的上行链路和下行链路都易受到干扰和欺骗，使卫星离开原轨道或者使其太阳能电池板偏离太阳光方向。商业和民用卫星由于没有防护措施，很容易遭到电子攻击。由于有相当一部分军事通信是利用商业和民用卫星来完成的，所以对这些卫星的攻击也将使军事行动的开展受到影响。

▶▶▶▶ 美国研制 X-37B 飞行器的动机是什么

X-37B 飞行器由波音公司的"鬼怪工程部"研制，是一种无人驾驶、可长时间在轨的可重复的使用飞行器。其外形与航天飞机类似，但体积只有航天飞机的 1/4 左右。

美国空军在 20 世纪 90 年代末开始实施"军用空间飞机"计划，并且该计划一直受到美国国会的支持。根据美国空军的规划设想，"军用空间飞机"系统将提供类似飞机一样的操作性、灵活性和快速响应能力，主要完成空间力量增强、空间力量运用、空间支持和空间控制四个方面的任务，全面支持美国空军的各种空间作战任务。整个"军用空间飞机"系统由亚轨道运输飞行器、空间机动飞行器、模块化入轨级、通用航空飞行器组成。

X-37B 飞行器准备发射

作为"军用空间飞机"系统的核心构成，空间机动飞行器是一种可重复使用的小型无人轨道飞行器，具备长期在轨驻留与变轨机动能力，可执行多种任务。作为两级入轨的第二级，可由亚轨道运输飞行器发射或由一次性运载火箭发射。美国空军太空司令部把"军用空间飞机"视为天军的核心武器装备，认为它既是空间赋能器，又是空间作战武器。X-37B 轨道试验飞行器是"军用空间飞机"系统的第一步，主要用于验证空间机动飞行器的关键技术。

勤务人员正在检修 X-37B 飞行器

美国空军太空司令部在《美国太空作战力量 2020 年发展构想》的长远规划中，明确提出美国太空作战力量要达到四个目标：空间控制、全球作战、空天地一体化作战和全球战略伙伴关系。在此太空发展战略指导下，美国加速研发具备太空作战能力或作战支援能力的航天器。以 X-37B 为代表，美国通过一系列飞行试验进行关键技术的演示、验证，以此来推动空天武器装备的研制，这无疑暴露了其抢占空天领域先机、雄霸太空的野心。

🔔 **小贴士**

　　2001年，美国国防部和美国国家航空航天局共同合作编制和提出了《美国国家空天倡议》。该倡议提出了未来美国航天发展的三大支柱领域，而空间机动飞行器是其中两大领域的核心支柱项目，被认为"有可能带来巨大潜在回报"。此外，美国在对《美国国家空天倡议》的评估中，特别将空间机动飞行器列为具有很大潜力，能够帮助其实现全球性关键任务的项目。

X-37B 飞行器侧前方视角

　　X-37B 机体长 8.9 米，翼展 4.5 米，高 2.9 米，空重 3.5 吨，载重 4.99 吨。其运行轨道为近地轨道，轨道速度约为 2.8 万千米 / 时，无人驾驶，可自行返航；可重复使用，能够在轨长期驻留并具有机动变轨能力；可随时飞到战场上空执行军事监视和战场侦察任务；可作为空间武器平台，随时攻击地面、空中和空间的目标；可快速部署卫星，回收微卫星，甚至是别国的微卫星；可对敌方卫星进行电磁干扰，使其暂时无法工作。

目前，美国空军拥有 2 架 X-37B，按照 3 次执行任务的顺序分别命名为 OTV-1、OTV-2 和 OTV-3。2010 年 4 月 22 日，美国空军进行了 OTV-1 的首次发射。此次试验，X-37B 共在轨飞行 224 天，于美国当地时间 2010 年 12 月 3 日凌晨成功返回基地。2011 年 3 月 5 日，OTV-2 发射，在轨时间增加了一倍多，其在近地轨道共运行了约 469 天。2012 年 12 月 11 日，美国将 OTV-3 送入预定轨道，OTV-3 由 OTV-1 改进而成。此次试验，X-37B 在轨运行约 675 天，远远超出了 270 天的设计指标，再次刷新了可重复使用轨道飞行器空间运行时间的历史纪录。

X-37B 飞行器进行轨道测试

美国成立行星防御协调办公室的动机是什么

2016 年，美国国家航空航天局（NASA）成立了行星防御协调办公室（The Planetary Defense Coordination Office，PDCO）。美国宣称，成立 PDCO 是为了确保任何近地天体不进入地球大气层内，继而保护地球免遭毁灭性撞击。不过，其他一些国家并不认可这一说法，他们认为 PDCO 的成立另有隐情。

事实上，世界航天领域针对行星防御的研究已经开展了 20 多年，与此同时，关于其必要性的讨论也从未停止过。反对者认为，行星撞击分为 3 种：第一种是微小行星的撞击，其发生的概率大约是一年 2 次，即使它们击中了人口稠密区，造成的损失大约也只相当于一次中型龙卷风，而死亡人数还不如龙卷风；第二种是中型行星撞击，其发生的概率大约是每百年 1 次，但几乎 90% 都会落到无人区；第三种是巨型行星的毁灭性撞击，人类可能面临灭顶之灾。尽管后果严重，但这类事件发生的概率大约只有 1 亿年 1 次。综上所述，人类死于小行星撞击的概率只有 1/70000000。因此，开展行星防御的必要性不大，顶多需要开展一些监测活动。

大量流星体坠入地球大气层形成的流星雨

　　赞成者是基于近些年地球遭受近地小行星坠落的现实与潜在危害来考虑的。例如，2013 年 2 月，一块陨石坠落到了俄罗斯的车里雅宾斯克地区，导致 1000 多人受伤，并造成了大量财产损失。

　　从目前来看，各国应对小行星撞击的手段并不少，主要包括核武器、太阳帆、太空镜和引力拖拽等。世界主要航天国家和地区也在不同程度上开展了对行星防御的研究工作。

　　有消息显示，2005 年，美国国会曾要求 NASA 制订过一个关于小行星意外撞击地球的防御计划。2007 年，NASA 在华盛顿召开的行星防御会议上提交了自己的报告。在这个报告中，NASA 提出了多项计划，其中一些计划涉及使用核爆炸产生的力量使小行星远离地球。从爆炸中释放出的能量预计可产生足够大的动力将小行星推向其他方向，以防止撞击地球的灾难发生，并且随后还衍生了一系列行星防御项目。

2013 年 2 月坠落在俄罗斯车里雅宾斯克地区的陨石碎片之一

俄罗斯是近些年为数不多遭受小行星撞击危害的国家之一，对行星防御的思考与研究颇具代表性。据媒体报道，俄罗斯也在执行一项雄心勃勃的核弹升级计划，旨在攻击对地球造成威胁的小行星。该计划通过洲际弹道导弹将核弹头发射到大气层外，核弹发射试验的计划攻击目标就是 2004 年被发现的一颗小行星——99942 阿波菲斯星，据估计，这颗小行星将于 2036 年与地球擦肩而过。

此外，欧洲航天局也开展了近地小行星空间探测计划，如主要针对近地小行星和潜在威胁小行星的 EUNEOS（Eurooean NEO Svace-based Observatory）空间计划。

针对 NASA 成立的 PDCO，有人对其忧患意识表示赞赏，也有人猜测这可能会成为其"天军"的潜在组成部分。从表面上来看，PDCO 当前的任务以民用天体观测和监视为主，但从另一角度来看，其背后是否隐藏着太空军事用途还值得观察和推敲。

2013 年，美国绝密的"太空烈火"计划被俄罗斯媒体曝光：该计划不仅包括针对其他国家的太空作战方案，还明确提出通过推出空天母舰等方式，确立自身的"绝对火力优势"。2014 年，NASA 咨询理事会呼吁成立新的小行星监控办公室，建议"不仅要搜索对地球构成潜在威胁的近地小行星，还应具备积极防御能力"。如今，以观测和监视为主要任务的 PDCO 横空出世，使美国提出的具备积极防御的太空火力打击能力变得更加现实可期。因此，PDCO 对美国建立"绝对火力优势"的牵引作用绝对不能忽视。

根据 PDCO 的职责，其可以与联邦紧急事务管理局、国防部和其他美国政府机构合作，提出应急计划。而用于行星防御监测预警的地基、空基和天基空间态势感知技术，有些也可以用于导弹防御系统和空间作战力量的建设。

坠落在车里雅宾斯克的陨石碎片之一被放在博物馆中展览

>>> 美国研发的"上帝之杖"有何作用

"上帝之杖"（Rods from God）是美军正在研制的一种太空武器。该项目计划依托太空平台搭载大量直径为 30 厘米、长为 6.1 米、重 100 千克的钨、钛或铀制成的金属棒，这些高密度的金属棒可在卫星制导下，利用小型火箭助推和自由落体产生的巨大动能，在任何时间对地球上任何高价值战略目标实施快速、精确的打击。

"上帝之杖"从太空发射后，不依靠任何弹药，完全依赖动能撞击对目标

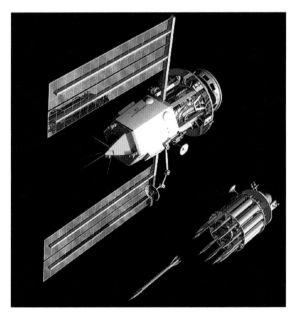

"上帝之杖"天基动能武器系统 3D 模型图

产生破坏力，但攻击效果堪比核武器，能毫不费力地摧毁大型建筑群和几百米深的地下掩体，而且还不会产生核辐射。美军希望把"上帝之杖"打造成为未来空间对地作战的"撒手锏"，进而取代核武器，成为军事领域新的战略级威慑力量。据五角大楼宣称，他们计划在2025年之前完成"上帝之杖"的部署。

美国研制这种新概念战略武器有着深层次的原因。随着核武器拥有国数量的增加，以核武器为中心的传统战略武器的威慑力大受限制，国际反核浪潮也日渐高涨。此外，保持核威慑的开支庞大，据美国官方透露，其核武器维护总费用每年在2000亿～3000亿美元，这对日益紧缩的军费开支来说无疑是雪上加霜。与此同时，其他常规武器往往又不具备战略威慑能力。对于越来越深、越来越坚固的地下工事，常规武器往往束手无策。以美军的GBU-28钻地炸弹为例，其仅能穿透6米厚的混凝土或30米的坚硬地层，对地下坚固的钢筋混凝土工事毫无办法。种种因素促使美军试图在其他非核武器上寻求新的突破口和新的战略制高点，以"上帝之杖"为代表的天基动能武器无疑成为最佳选择。

"上帝之杖"天基动能武器系统主要由位于低轨道的两颗卫星平台组成，一颗负责通信和锁定目标，另一颗则搭载有大量被称为"上帝之杖"的金属长杆形动能"炮弹"。弹体主要由动能弹

"上帝之杖"天基动能武器系统的两颗卫星

头、推进系统、制导系统、热控系统与通信系统5部分组成。弹头主要由高密度的钨、钛或铀等金属铸造，前方略尖，可减小空气阻力，降低到达地面时的动能损耗。推进系统主要是小型火箭助推器，可在外太空为"炮弹"提供较为精确、容易控制的推力。制导系统主要是不断调整火箭助推器和空气动力学舵面，改变飞行方向，以确保精确命中目标。热控系统主要依靠外部特制的热防护涂层来防止弹体过热。通信系统主要用于接收攻击指令。

　　"上帝之杖"打击目标时通常采取垂直攻击的方式，就像陨石撞击地球一样，因此它获得的动能巨大，打击地面时所产生的破坏力也相当大，其威力相当于一枚小型核弹，并能轻而易举地刺入地下几百米深的目标内部，只此一条即可让任何钻地炸弹黯然失色。

　　与其他常规武器相比，"上帝之杖"还具有以下优点：一是打击范围广，其打击范围可覆盖全球任何一个地区，打击对象包括指挥中心、导弹发射架、地下掩体等所有非移动类目标；二是反应时间短，由于其搭载平台通常部署在低轨道，所以对地攻击准备时间短、反应速度快，从离轨到对地面实施打击仅需11分钟，打击时间不及洲际弹道导弹的1/3；三是突防能力强，由于速度极快，可有效突破敌方多层防御体系，即使敌方具备多层防御能力，也很难在短时间内进行预警；四是生存能力强，搭载"上帝之杖"的卫星平台通常在距离地面1000千米的轨道上，远在一般飞机和导弹的攻击范围之外；五是环境污染小，"上帝之杖"主要通过碰撞攻击目标，不依靠弹药，更没有核辐射，不会对环境造成污染；六是占据道义主动，相比核武器而言，"上帝之杖"在道义上占有更大的主动权。

美国如何发展反卫星武器

　　从第一颗人造卫星上天起，各国就认识到太空巨大的军事价值。如今军用卫星的作用已经举足轻重，侦察卫星可以窥探一个国家的军事机密，全球定位卫星能引导精确制导武器发动致命攻击，预警卫星可以提前预警敌方弹道导弹攻击。正因如此，反卫星武器也成了各军事大国发展的重点，其中美国取得了较大的发展成果。

反卫星武器的发展历程

　　美国反卫星武器历经了从简到繁、从低级到高级的发展过程。从苏联发射第一颗人造卫星起，美国陆海空三军先后研制和试验了采用核弹头、动能拦截弹头的共轨式、直接上升式反卫星武器和激光反卫星武器，共进行了30多次试验。

　　从20世纪50年代到70年代中期主要以核弹头试验为主。在这一时期，美国的防御重点是解决反弹道导弹问题，

美国ASM-135空射反卫星导弹

因此立足于建立反弹道导弹系统。与此同时，美国也利用已有的反导系统进行反卫星技术途径探索，并进行了一些反卫星技术试验。

1976年，美国空军开始发展空中发射的直接上升式动能反卫星武器系统，并在1985年进行了首次拦截卫星的飞行试验，成功地拦截了一颗报废的实验卫星。该计划由于美苏的限制军备谈判而于1988年终止。

1989年，美国开始重点发展地基直接上升式动能反卫星武器系统。反卫星导弹的动能杀伤拦截器于1994年成功地进行了地面捷联试验，并于1997年8月进行了首次悬浮飞行试验。

1996年美国开始了一种新型反卫星武器的试验。这种反卫星导弹从地面发射，在导弹与卫星遭遇时，以一张巨大的聚酯板拍打卫星，使卫星内部的仪器失灵，而卫星仍保持完整的外形，从而可以减少卫星空间碎片。

除动能武器外，美国也在积极发展定向能武器。1997年10月，美国陆军首次使用中红外先进化学激光器在新墨西哥州的白沙导弹试验场进行了摧毁在轨卫星的试验。另外，天基激光武器自1992年以来也进行了多次试验，技术上已达到了武器要求水平。2000年，美国国防部拨款1亿美元试验一种从太空攻击导弹或其他飞行目标的高能激光武器。同时，地基激光反卫星武器在2008年完成部署，具有对1500千米以下的中低轨道卫星进行干扰和毁伤的作战能力。另外，美国从20世纪90年代后期起也加快了对高能微波武器的研制。

据不完全估算，今后20年美国对太空武器装备研究的投资将至少达到1400亿～1600亿美元。其中，远期武器计划发展经费约800亿～1100亿美元，近期计划发展经费约为500亿～600亿美元。

美国RIM-161"标准Ⅲ"反卫星导弹从"提康德罗加"级导弹巡洋舰上发射

反卫星武器的技术途径

当前美国实现反卫星作战的技术途径主要有：核能反卫星、卫星反卫星、动能武器反卫星、定向能武器反卫星和航天飞机反卫星。

（1）核能反卫星。核能反卫星是通过核装置在目标卫星附近爆炸产生强烈的热、核辐射和电磁脉冲等效应，毁坏卫星的结构部件与电子仪器设备，从而使其丧失工作能力。由于核能反卫星武器的作用距离远，破坏范围大，在制导精度较差的情况下仍能达到破坏目标的作战目的，因此被用作反卫星武器最早期的杀伤手段。例如，美国20世纪60年代研制的第一代"雷神"反卫星导弹就带有核弹头。但由于核能反卫星武器的附加破坏效应大，因此没有继续使用。

（2）卫星反卫星。卫星反卫星武器实际上就是一种带有爆破装置的卫星。它在与目标卫星相同的轨道上利用自身携带的雷达红外寻的探测装置跟踪目标，然后靠近目标卫星，在距离目标数十米之内将载有高能炸药的战斗部引爆，从而产生大量碎片来击毁目标。卫星反卫星作战方式有两种：共轨和快速上升攻击。共轨攻击就是运载火箭将反卫星卫星射入与目标卫星的轨道平面和轨道高度均相近轨道上，然后通过机动，逐渐接近目标，一般需要若干圈轨道飞行后才能完成攻击任务。快速上升攻击就是先把反卫星卫星射入与目标卫星的轨道平面相同而高度较低的轨道，然后机动快速上升接近并攻击目标。这种方式在第一圈轨道内就可完成拦截目标的任务。

（3）动能武器反卫星。

动能武器反卫星是通过高速运动物体来杀伤目标卫星。动能反卫星武器通常利用火箭推进或电磁力驱动的方式把弹头加速到很高的速度，并通过直接碰撞击毁目标，也可以通过弹头携带的高能爆破装置在目标附近爆炸产生密集的金属碎片或霰弹击毁目标。动能反卫星武器要求高度精确的制导技术，例如，F-15"鹰"式战斗机发射的反卫星导弹就必须直接命中目标。动能反卫星武器可以部署在地面、舰船、飞机甚至是航天器上。目前，美国正在大力发展这种技术。

美国F-15"鹰"式战斗机试射ASM-135
反卫星导弹

（4）定向能武器反卫星。定向能反卫星武器通过从地面、空中或太空平台上发射高能激光、粒子束或大功率微波射束，以破坏目标卫星的结构或敏感电子元件。利用定向能杀伤手段摧毁空间目标具有速度快、攻击空域广的特点，但技术难度较大。美军在激光反卫星武器方面主要是研制"自由电子激光器"和"中红外先进化学激光器"。前者输出功率高，能摧毁中高轨道卫星，是激光反卫星武器的首选；后者输出功率有限，且波长长，主要用于干扰卫星正常工作和研究试验。

（5）航天飞机反卫星。随着科技的进步，载人航天兵器将进入外空间战场，航天飞机和空间站也可以作为反卫星武器。航天飞机可以飞向目标卫星，向其开火或将其抓获。1984年和1992年美国航天飞机在轨道上修理和回收卫星的实践表明，航天飞机既能用来在轨道上捕捉、破坏目标卫星，又能装备反卫星武器

▶▶▶ 俄罗斯"穹顶"天基导弹预警系统有何亮点

"穹顶"天基导弹预警系统是俄罗斯军队进行导弹防御的中坚力量，由俄罗斯彗星中央研究院和科罗廖夫能源火箭航天集团联合研发。早在20世纪60年代，苏联就开始研制导弹预警卫星，并分别于1972年和1991年开始了"眼睛"和"预报"两代天基导弹预警系统的部署。随着"眼睛"和"预报"卫星在使用中暴露出的问题过多且技术已经落后，俄罗斯于2000年启动了"穹顶"天基预警计划，也被称为"统一航天系统"，该新型预警系统包括"苔原"卫星和地球同步轨道卫星。截至2022年，俄罗斯共发射了5颗新一代"苔原"导弹预警卫星，这些卫星在大椭圆轨道上运行。

俄罗斯准备发射第五颗"苔原"导弹预警卫星

　　"穹顶"天基导弹预警系统配备了多种传感器，不仅能够探测到洲际弹道导弹和潜射弹道导弹的发射，还可以探测到中程导弹、短程导弹和火箭的发射，并确定其弹道轨道参数和可能的杀伤范围。该系统中的"苔原"卫星配备了核爆炸探测器以及通信有效载荷。前者可用于检测核爆炸产生的各类射线和辐射能量，有利于对核条约的监督。后者可以为俄军提供便捷的通信服务，在核战争等紧急情况下进行军事通信，将信息传输给俄军反导部队或者将作战指令传输给俄军战略导弹部队以对核打击做出反应。

　　"穹顶"天基导弹预警系统的建立，填补了俄罗斯在导弹预警体系中天基预警能力的短期空白，加速了俄罗斯全球导弹预警能力的发展进程。截至 2022 年 6 月，"穹顶"天基导弹预警系统在试验性战斗执勤期间已探测到 64 枚弹道导弹发射（其中 35 枚非俄罗斯弹道导弹）和 136 枚运载火箭（其中 97 枚非俄罗斯运载火箭）发射。与美国"天基红外系统"类似，俄罗斯的"穹顶"天基导弹预警系统可从太空探测弹道导弹发射，并跟踪其轨迹。完善后的"穹顶"天基导弹预警系统将成为俄罗斯空天军导弹防御的强大助力。

▶▶▶ X射线脉冲星导航技术有何军事意义

　　众所周知，绝大多数的航天器虽然"远在天边"，但是依旧离不开地面的指挥与控制，就像风筝飞得再高，线还是连着地面一样。以美国全球定位系统（GPS）为例，该系统能够为地球表面和近地空间用户提供全天候、全天时、高精度导航信息服务，但是这些"路标"自身并不一直准确，在缺乏外界帮助的情况下，该系统无法修正星座整体旋转误差、地球自转非均匀误差和极移残差，误差随时间不断累积，致使导航星座难以长时间自主运行。因此，导航星座本身也需要地面控制系统不断注入信息支持，不能脱离地面信息而独立运行。因此，各航天大国为了使自己的太空设施能够正常运转，就不得不在全球范围内设置多个地面控制站或远洋测量船。

　　随着人类开始逐步进入太空时代，太空的重要性已被世界各国广泛认可，因此未来在太空爆发军事冲突的可能性也在不断加大。各种空间战理论也应运而生，其中如何在战时切断敌方地面站与其空间设施的联系，也是各方研究的重点之一。目前而言，要达到这样的目的主要有电子干扰、网络攻击、武力破坏或摧毁敌方地面站等手段。而 X 射线脉冲星导航这种设想一旦实现，则意味着未来的航天器能够实现自主导航。

　　脉冲星是大质量恒星演化、塌缩、超新星爆发的遗迹，是一种具有超高温、超高压、超高密度、超强磁场、超强电场和超强引力场等极端物理条件的天体。脉冲星属于高速自转的中子星，其自转轴与磁极轴之间有一个夹角，两个磁极各有一个辐射波束。当星体自转且磁极波束扫过安装在地面或航天器上的探测设备时，探测设备就能接收到一个脉冲信号。脉冲星自转周期范围一般为 1.6 毫秒至 8.5 秒，具有极其稳定的周期，尤其是毫秒脉冲星的自转周期变化率达到 $10^{-19} \sim 10^{-21}$，因此被誉为自然界最精准的天文时钟。

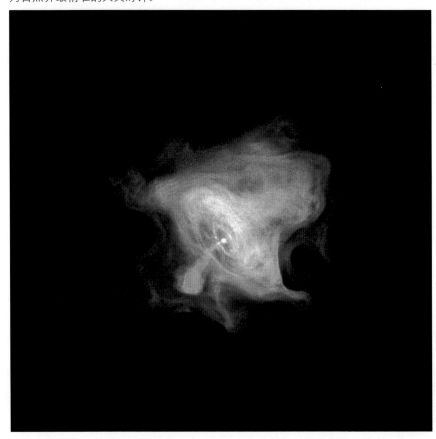

钱德拉 X 射线天文台拍摄的蟹状星云脉冲星 X 射线照片

脉冲星会在射电、红外、可见光、紫外、X 射线和 γ 射线等电磁波频段产生信号辐射，其中把在 X 射线频段上辐射信号的脉冲星叫作 X 射线脉冲星。X 射线属于高能光子，集中了脉冲星绝大部分能量，易于小型化设备探测与处理，但难以穿过地球的稠密大气层，只能在地球大气层外空间观测到。而 X 射线脉冲星导航是在航天器上安装 X 射线探测器，探测脉冲星辐射的 X 射线光子，测量光子到达时间和提取脉冲星影像信息，经过相应的信号和数据处理，以帮助航天器自主确定轨道、时间和姿态等导航参数。

由于 X 射线难以穿透地球的稠密大气层，因此脉冲星导航系统只能应用在外空系统上，即便如此，它也会对航天领域产生重要影响。不难想象，如果未来的航天器能够实现自主导航，一方面将有效地减轻地面测控系统的工作负担，减少测控站的布设数量和地面站至卫星的信息注入次数，降低整个空间系统建设和长期运行维持费用。另一方面则可以大大减少航天器对地面控制系统的依赖，一旦在战时己方地面站被敌方破坏或者天地通信受到干扰，航天器本身也不会立刻失灵，从而增强系统的自主生存能力，提高己方空间设施的战时生存率，这样不但可以防止在地面站失联以后己方空间力量被过度削弱，也便于迅速恢复受损系统。

🔔 小贴士

导航星座是指由适当数量的导航卫星构成的导航卫星网。

▶▶▶ 探测火星为何困难重重

火星是离太阳第四近的行星，也是太阳系中仅次于水星的第二小的行星，为太阳系里四颗类地行星之一。以往的观测结果表明，火星在很久以前可能与地球一样，但是经过数亿年的演化变成了现在的样子，天文学家则推断，火星是地球的未来。为了防止地球变成第二个火星，探测火星、对火星开展系统性的研究就非常有必要了。因此，短期意义上，探测火星是为了更好地爱护地球。同时，科学家们也担心地球的环境变化比预想的要快。在太阳系中，金星和火星离地球最近，但是火星的各方面条件与地球最接近，以往的观测也表明，火星曾经存在生命。因此，长期意义上，探测火星是为了有一天人类能够移民火星，甚至以火星为中转站，移民去其他适宜人类居住的星球。

地球（左）与火星（右）对比

探测火星的任务是艰巨的，这其中包括方方面面的原因。首先是时间和空间的问题，当地球和火星相隔距离达到最远的4亿千米时，无线电信号衰减将极其严重，同时还会带来超过20分钟的信号时延，从地面站控制高速飞行的火星探测器将变得极为复杂。其次是空间环境的问题，探测器在空间中飞行，面临高能辐射环境，宇宙射线和太阳质子活动，这些都会引起电子系统辐射受损，导致航天器异常和出现故障。而航天器在飞行过程中一旦遭遇流星群，这个打击将是毁灭性的。

许多航天工程师认为，探测器到达火星后如何着陆是火星探测最大的挑战之一。火星的直径约为地球的1/2，体积约为地球的15%，质量约为地球的11%，表面的引力约为地球引力的0.4倍，火星的大气密度大约只有地球大气密度的1%。如何利用降落伞或其他办法在火星上安全着陆，是火星探测的最后一道难题。

目前，世界各国共开展了40余次火星探测任务，其中失败的次数几乎达到了一半以上。

美国洛克希德·马丁公司研发的"洞察"号火星探测器在无尘室内进行太阳能帆板调整

空天母舰能否成为未来战争的主角

空天母舰搭载的是既能在太空作战，也能在大气层内飞行的空天战机，是以舰载机及动能武器、激光武器等为主要武器并作为其空中活动基地的大型飞行器。

在现代战争中，巡航导弹已越来越多地发挥着重要作用。实际上，巡航导弹是一种"无人驾驶飞行器"，而发射空基巡航导弹的飞行器就是一种"空中母机"。如果从空天一体化全维战场的角度来看，这种"空中母机"也可称为"空天母舰"。

在未来战场中，空天母舰将在卫星、预警机、侦察机、电子战飞机和武装补给飞艇等各类飞行器的保障下，游弋于空天之中。空天母舰上将搭载具备各种功能的空天飞行器，其中包括巡航导弹那样的"自杀性武器"，也可能施放无人操纵的可回收的飞行器去猎杀目标，或者是有人驾驶的飞行器对空天、陆地或海洋目标进行精确打击。

空天母舰的作战模式既不等同于太空战，也不等同于空战，它是一种跨形态作战。它既是一种快速反应的跨大气层飞行的新颖运输机，也是一种装备有先进探测设备的侦察飞行器，还是一种

美国波音公司"暗星"空天飞行器项目的主导者乔伊·布赖恩特

灵活并可重复使用的太空发射平台。在未来的空天一体化作战中，它既可以当作航空兵参加战斗，也可以作为"天军"与太空"敌人"厮杀。它是一种比航天飞机更为灵活且战斗力更强的新型空天武器。

然而，无论是从效用性、时效性和应用范围来看，还是从制造和使用的成本来说，空天母舰的未来角色，主要还是在于战略威慑和执行特殊任务，不可能像普通军用飞机一样批量生产和成建制列装。而具备空天飞机特征的第六代通用战斗机，则更具有实际意义。不过，如果航天科技进一步发达，使用核聚变发动机，那么空天母舰的一切问题将迎刃而解。一旦空天母舰发展成为一种成熟的通用化大型空天武器平台，它将成为继航空母舰之后的另一个"霸主"，还有可能取代航空母舰的地位，成为未来战争的主角。

漫威电影中的空天母舰（后方视角）

2004 年 9 月，波音公司全面启动了空天飞行器项目，代号"暗星"（Faint Star）。该项目的领军人物是波音公司赫赫有名的"假小子"乔伊·布赖恩特。布赖恩特的一位下属解释说："这个项目代号源于布赖恩特，她想让全新概念的空天武器像宇宙中的暗物质一样来去无踪，成为航空、航天甚至未来星际作战的全新武器。"

按照波音公司的设想，空天母舰的长度达 500 ～ 1200 米，高度达 50 ～ 100 米，载荷量达 8000 吨，将全面超越当今的"空中巨无霸"——空中客车 A380 客机。这种空天母舰的最高时速为 30000 千米 / 时，可在海拔 200 千米的绕地轨道安全飞行。在有人驾驶时，它能在常规机场水平起飞和着陆，还可在大气层内飞行，因而空天母舰仍具有常规飞行器的气动外形，但它的飞行速度将史无前例地超过 5 马赫，从美国首都华盛顿飞到日本东京只需 2 小时。

设想中的空天母舰也可进行大气层外的轨道飞行。由于没有了空气阻力，它此时的飞行速度将高达 25 马赫，仅需 90 分钟就能绕地球一圈，几乎可实时到达地球上空任何一个角落投入战斗，令敌人无暇反应。

按照美国的新军事战略，今后将大幅削减海外驻军，关闭海外基地，由此留下的空档将由远程战略武器来填补，未来的空天母舰就可能是其重要组成部分。

漫威电影中的空天母舰（俯视）

科幻小说中的太空电梯是否可行

　　太空电梯的想法最早由俄国科学家康斯坦丁·齐奥尔科夫斯基于 1895 年提出，他提议在地球静止轨道上建设一个太空城堡，用一根缆绳将地面与城堡相连，以此实现太空运输。1979 年英国作家阿瑟·克拉克将这个概念写入了科幻小说《天堂的喷泉》，引起了公众的广泛关注。在我国科幻作家刘慈欣的作品《三体》中，也有关于太空电梯的描述。

　　太空电梯的原理并不复杂，与生活中的普通电梯十分相似。只需在地球同步轨道上建造一个空间站，并用某种足够长也足够结实的"绳索"将其与地面相连，在引力和向心加速度的相互作用下，绳索会绷紧，航天员、乘客以及货物可以通过像电梯轿厢一样的升降舱沿绳索直入太空，这样就不需要依靠火箭、飞船这类复杂航天工具。

本来太空电梯只是科幻概念，但是科技发展让这个构想不再遥不可及。这其中的一个重要突破就是碳纳米管技术。碳纳米管是由碳原子组成的圆柱形分子，这些碳原子连接成六边形，直径仅为 1 纳米，其抗拉强度是已知所有材料中最高的，理论上高达 300 千兆帕斯卡。

不难看出，如果太空电梯建造成功，其意义非同凡响。相比火箭，太空电梯的最大特点就是能大大降低人和货物进入太空的成本。目前的国际商业卫星发射中，每千克荷载的运输成本为 2.5 万～4 万美元。据估计，太空电梯建成后，每千克荷载的运输成本约为 200 美元。而且太空电梯更加安全，乘客不需要像航天员那样经过长期复杂的训练就能进入太空。倘若太空电梯成为现实，首先得利的就是太空观光旅游业，今后普通人也能轻易实现飞天的梦想。同时太空电梯能够将飞船、卫星及相应的零件直接"提升"入轨或在太空组装，这样就无须大运力的运载工具和消耗大量燃料，太空电梯巨大的运力甚至可以帮助人类在轨道上建造各种巨型太空设施，如太空电站、太空工厂、太空城市等。

太空电梯艺术想象

Part 02

制 造 篇

航天系统是现代典型的复杂工程大系统，具有规模庞大、系统复杂、技术密集、综合性强，以及投资大、周期长、风险大、应用广泛和社会经济效益十分可观等特点，是国家级大型工程系统。完善的航天系统是一个国家航天实力和综合国力的重要标志，世界上只有为数不多的几个国家拥有这种实力。

►►►► 航天器主要由哪些系统组成

　　航天器由若干具有不同功能的分系统（或系统）组成，一般分为专用系统和保障系统两类。专用系统又称有效载荷，用于直接执行特定的航天任务；保障系统又称通用载荷，用于保障专用系统正常工作。

　　不同用途的航天器的主要区别在于装有不同的专用系统。专用系统的种类很多，随航天器执行的任务不同而异。例如，天文卫星的天文望远镜、光谱仪和粒子探测器，侦察卫星的可见光照相机、电视摄像机或无线电侦察接收机，通信卫星的转发器和通信天线，导航卫星的双频发射机、高精度振荡器或原子钟等。单一用途航天器装有单一类型的专用系统，多用途航天器装有几种类型的专用系统。

美国"发现"号航天飞机（俯视）

　　各种类型航天器的保障系统往往是相同或类似的，一般包括以下系统。

结构系统

　　结构系统用于支承和固定航天器上的各种仪器设备，使它们构成一个整体，以承受地面运输、航天运载器发射和空间运行时的各种力学和空间环境。结构形式主要有整体结构、密封舱结构、公用舱结构、载荷舱结构和展开结构等。航天器的结构大多采用铝、镁、钛等轻合金和增强纤维复合材料。

热控制系统

热控制系统又称温度控制系统，主要用来保障各种仪器设备在复杂的环境中处于允许的温度范围内。航天器热控制的措施主要有表面处理(抛光、镀金或喷刷涂料)，包覆多层隔热材料，使用热控百叶窗、热管和电加热器等。

电源系统

电源系统用来为航天器上的所有仪器设备提供所需的电能。人造卫星大多采用蓄电池电源和太阳电池阵电源系统，空间探测器采用太阳电池阵电源系统或空间核电源，载人航天器大多采用氢氧燃料电池或太阳电池阵电源系统。

姿态控制系统

姿态控制系统用来保持或改变航天器的运行姿态。航天器一般都需要控制姿态，例如，使侦察卫星的可见光照相机镜头对准地面，使通信卫星的天线指向地球上某一区域等。常用的姿态控制方式有三轴姿态控制、自旋稳定、重力梯度稳定和磁力矩控制等。

俄罗斯"联盟"号宇宙飞船的航天员正在进行模拟训练

轨道控制系统

轨道控制系统用来保持或改变航天器的运行轨道。航天器轨道控制由轨道机动发动机提供动力，由程序控制装置控制或地面航天测控站遥控。轨道控制往往与姿态控制配合，共同构成航天器控制系统。

无线电测控系统

无线电测控系统包括无线电跟踪、遥测和遥控 3 个部分。跟踪部分主要有信标机和应答机。它们不断发出信号，以便地面测控站跟踪航天器并测量和计算其轨道。遥测部分主要由传感器、调制器和发射机组成，用于测量并向地面发送航天器的各种仪器设备的工程参数（工作电压、温度等）和其他参数（探测仪器测量到的环境数据、敏感器测量到的航天器姿态数据等）。遥控部分一般由接收机和译码器组成，用于接收地面测控站发来的遥控指令，传送给有关系统执行。

返回着陆系统

返回着陆系统用于保障返回型航天器安全以及准确地返回地面。返回着陆系统一般由制动火箭、降落伞、着陆装置、标位装置和控制装置等组成。在月球或其他行星上着陆的航天器配有着陆系统，其功能和组成与返回型航天器着陆系统类似。

生命保障系统

生命保障系统用于维持航天员日常生活所必需的设备和条件。生命保障系统一般包括温度湿度调节、供水供氧、空气净化和成分检测、废物排除和封存、食品保管和制作、水的再生等设备。

应急救生系统

应急救生系统可以使航天员在任一飞行阶段发生意外时，保证航天员安全返回地面。应急救生系统一般包括救生塔、弹射座椅、分离座舱等救生设备。它们都有独立的控制、生命保障、防热和返回着陆等系统。

计算机系统

计算机系统用于存储各种程序、进行信息处理和协调管理航天器各系统工作。例如，对地面遥控指令进行存储、译码和分配，对遥测数据做预处理和数据压缩，对航天器姿态和轨道测量参数进行坐标转换、轨道参数计算和数字滤波等。航天器的计算机系统有单机、双机和多机系统。

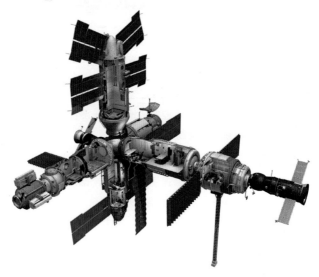

俄罗斯"和平"号空间站结构

人造卫星本身有没有动力系统

人造卫星是在稠密的地球大气层外按天体力学原理绕地球运行的空间飞行器，是当前在国民经济、科学研究和国防军事方面用途十分广泛，发展最为迅速的航天器。人造卫星绕地球运行的轨道包括低轨道、中高轨道、地球同步轨道、大椭圆轨道、极地轨道等，轨道高度从数百千米至数万千米不等，人造卫星要想穿越稠密大气层、进入太空，需要借助运载火箭的动力克服地球引力，速度至少大于第一宇宙速度，才能进入上述运行轨道。

人造卫星在轨道上运行时，多数情况下都是处于惯性飞行状态，也就是人造卫星在地球引力的作用下进行无动力飞行。人造卫星与航天飞机、空间站等航天器相比，通常体积更小一些，无法安装大推力火箭发动机。因此，发射人造卫星时，需要由运载火箭提供所需动力，达到摆脱地球引力所需的速度，人造卫星进入预定轨道转入正常运行后，就不需要动力装置驱动卫星飞行，但这并不意味着人造卫星就完全没有动力系统。

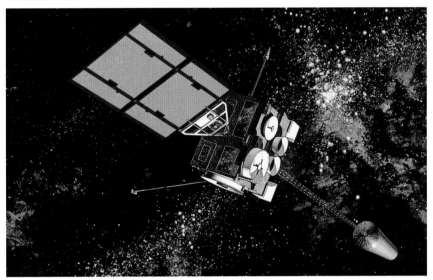

美国 GOES-8 气象卫星

人造卫星在轨道上运行时仍然会受到某些环境因素的影响，使人造卫星实际运行的轨道逐渐偏离预定轨道，或者进入轨道时与预定轨道有一定的偏差，在这种情况下，需要对人造卫星的轨道参数进行调整。同时，从完成遥感、通信和军事任务的角度，也需要在卫星处于轨道运行的情况下，对其姿态进行适当的调整与控制。对人造卫星的轨道和姿态进行调整和控制，都需要相应的动力，而这些动力均来自卫星的动力系统，只不过进行调整和控制所需的动力远小于将卫星发射入轨所需的动力，卫星的这种动力系统被称为微推进系统，可细分为物理推进、化学推进和电推进系统。

此外，对于某些卫星（如地球同步轨道卫星和地球静止轨道卫星）来说，需要先进入转移轨道，再从转移轨道进入其运行轨道，这个过程就需要卫星的动力系统来完成，卫星需要携带轨控卫星的燃料。

►►► 部分人造卫星只有一个太阳翼的原因是什么

太阳翼是一种收集太阳能的装置，通常应用于对卫星、宇宙飞船的供能。太阳翼的基本原理是利用硅（Si）等非金属化合物的光电效应，将太阳能转化为电能，然后储存在卫星、宇宙飞船的太阳能电池里，以备使用。卫星发射时太阳翼处于折叠状态，星箭分离后打开太阳翼并在卫星飞行过程中不断调整方向，使太阳能电池对准太阳，为卫星工作提供能量。

只有一个太阳翼的美国联合极轨卫星系统（JPSS）卫星

　　一般的卫星多采用对称太阳翼的设计，这样有利于卫星在空间保持姿态的稳定。而有的卫星装载的红外探测仪对温度变化极为敏感，需要对其进行降温以保证探测的精确性。当太阳光照射到太阳翼上时，会产生红外辐射的反射，影响卫星定标精度和制冷效果，所以会采用单太阳翼的设计。

只有一个太阳翼的欧洲"哨兵3"环境监测卫星

　　现代卫星受功率需求限制，为了获得更大的发电面积，一般采用可展开式的太阳翼，并在根部通过电机机构驱动太阳翼转动。一般卫星均是围绕地球而不是太阳旋转，如果是固定式太阳翼，很多时候就无法接收到太阳光，所以太阳翼需要像向日葵一样对着太阳旋转，保证太阳能电池板面朝太阳，从而获得最大的发电效率。在这个过程中，就会产生运动耦合，而运动耦合一旦发生，卫星将产生剧烈晃动，轻则影响观测精度，重则使卫星受到损坏。

🔔 小贴士

　　运动耦合并不是航天器特有的现象，普通人在日常生活中也会遇到。例如，洗衣机进行脱水操作，机器在刚启动和最高速时的振动频率都不大，但是当洗衣机转筒在某一速度的转动频率与结构频率产生运动耦合时，就会导致振动频率放大。

为了避免万里高空中的卫星与太阳翼发生运动耦合，设计师通常会摸清太阳翼自身的频率特性，从设计上错开两者发生运动耦合的频率。一般来说，设计师会采用"牵线木偶"的形式，通过长长的细线将太阳翼吊起，并通过机构使细线的长度能随着太阳翼晃动缩短或变长，从而保证测试出产品最真实的频率特性，从而有效避免两者运动耦合现象的发生，确保卫星能够安全、稳定地运行。

由于卫星上各类载荷的机械转动都可能使太阳翼产生微小晃动，这种晃动传递给卫星可能会干扰其观测的精准性，因此有的卫星会采用 T 字构型，以便缩短太阳翼质心和卫星的距离，即便太阳翼发生晃动或者抖动，对卫星的干扰也非常小。

拥有两个太阳翼的欧洲"伽利略"导航卫星

>>> 木壳卫星上太空是否可行

2020 年 12 月 30 日，日本住友林业公司与京都大学宣布合作研发一个项目，以测试将木材用作人造卫星组成部分的设想。目前，两者正在推进计划，争取 2024 年夏季发射全球首颗木制人造卫星。除了日本外，欧洲也在进行相关的研究。2021 年 6 月，欧洲航天局宣布将为芬兰北极宇航公司研发的木制卫星（WISA Woodsat）送入预定轨道提供支持。

木壳卫星上太空，不少人觉得这种事情听起来就匪夷所思，它真的能实现吗？即便可以实现，又有什么意义呢？

事实上，各国研发木壳卫星主要是出于环保考虑。近年来，越来越多的卫星被用于导航、天气预报以及互联网等服务。据美国麻省理工学院的数据显示，预计到2025年每年约有1100颗卫星发射。但是卫星在给人类带来便利的同时，各种问题也随之而来，如按照世界经济论坛的研究，目前有近6000颗人造卫星绕地球运行，可其中约60%已经无法工作，在未来几年中可能还会有成千上万颗报废卫星继续飘在轨道上。

现在大多数卫星材料主要使用铝、凯夫拉和铝合金，这些材料都可以帮助卫星在真空中承受极端温度和不断的辐射轰击。但是在卫星报废后，这层"金刚不坏之身"也使失灵卫星长期滞留在轨道上，从而导致绕地球运行的太空垃圾数量不断增加。这些太空垃圾的移动速度非常快，因此可能会对其他卫星和载人航天器构成重大威胁。

同时，即使报废卫星最终重返大气层，卫星中使用的铝也会在返回地球时碎裂，产生数百或数千个微小的氧化铝颗粒，这些颗粒会在高层大气中飘浮多年，由于氧化铝颗粒会反射太阳光，因此有可能造成地球气温下降等环境问题。

卫星采用木质外壳，乍一听似乎不靠谱，其实是具有可行性的。木材有韧性，有弹性，同时重量还很轻。研究表明，木材可以承受太空中的极端温度，并且不会受到近真空条件的明显影响。木质卫星使用完毕后可在大气层中燃尽，不会向大气中释放有害物质，也不会有碎片落在地面上造成危险，对环境的负担较小。同时由于木材不会屏蔽电磁波，因此可把天线放在内部，具有材料费便宜、容易加工的优点，可以有效降低卫星的制作与发射成本。

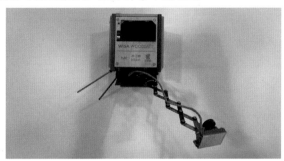

以桦木胶合板为主材的 WISA Woodsat 木制卫星

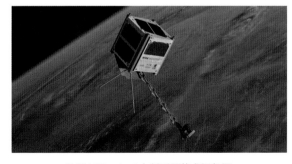

WISA Woodsat 木制卫星艺术想象图

航天器使用的同位素电池有何特点

随着对太空开发利用的不断深入，人类需要有一种功率合适、重量轻、寿命长、成本低，且安全可靠的空间能源。同位素电池（又称核电池）在不同程度上满足了这些要求，在某些方面甚至是其他空间能源（太阳能电池、化学电池、燃料电池）无法替代的。鉴于未来航天活动对电源的需求日益增长，同位素电池将成为空间电源的最佳选择。

美国航天员艾伦·宾为"阿波罗 12 号"登月舱安装 SNAP 27 装置

　　放射性同位素的应用是核能利用的一个重要方面。放射性同位素在进行核衰变时释放的能量比一般物质要大得多，而且衰变时间很长，如 1 克镭在衰变中释放的能量比 1 克木柴在燃烧中释放的能量大 60 多万倍，其衰变时间长达 1 万年。因此，放射性同位素可以用来制造特种电源——同位素电池。

以钚-238 为燃料的 SNAP 27 装置

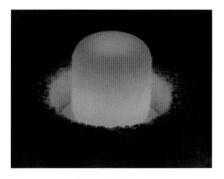

钚-238

　　空间同位素电池（如钚 -238 电池）有以下特点。无须对太阳定向，体积小，使用寿命长。同位素电池在外形上与普通干电池相似，呈柱形。在圆柱的中心是密封的放射性同位素源，其外面是热离子转换器或热电耦式的换能器。换能器的外层为防辐射的屏蔽层，最外面一层是金属筒外壳。同位素电池还有个特点，就是它在衰变时放出的能量大小、速度，不受外界环境中的温度、化学反应、压力、电磁场等的影响。因此，同位素电池以抗干扰性强和工作准确可靠而成为电池家族中的佼佼者。

　　1969 年 7 月 21 日，美国航天员乘"阿波罗 11 号"飞船成功登上月球。在"阿波罗 11 号"飞船上，安装了两个放射性同位素装置，其热功率为 15 瓦，使用的燃料为钚-238。但是，"阿波罗 11 号"上的放射性同位素装置是供飞船在月面上过夜时取暖用的，也就是说它仅仅用于提供热源。所以，该装置又叫作放射性同位素发热器。月球上的一天等于地球上的 27 天。黑夜的时间占一半，一夜约为地球上的两周。太阳能电池在黑夜期间完全停止工作。与此同时，处于背阳的月面，其温度会急剧下降数百摄氏度，从酷热一下变成了严寒。为了使卫星上的地震仪、磁场仪以及其他设备能正常工作，必须利用余热进行保温。

　　在后来发射的"阿波罗 12 号"飞船上首次装载的放射性同位素电池——SNAP 27 装置，完全是为了发电用的，它用的燃料是钚-238，设计输出功率为 63.5 瓦，整个装置重量为 31 千克，设计寿命为 1 年，但实际上，其寿命远远超过设计时考虑的 1 年，并能持续供给 70 瓦以上的电力，完全符合预期的设计要求。由于这一实验获得成功，后来在 1970 年发射的"阿波罗 14 号"以及随后的"阿波罗 15 号""阿波罗 16 号""阿波罗 17 号"等飞船上都相继安装了 SNAP 27 装置。

在月球严酷的自然环境（白天温度高达 102℃，夜晚温度降至 -150℃，酷热与严寒交织）下，同位素电池仍能正常稳定工作，说明同位素电池具有很高的适应性及生存能力。此外，同位素电池在地球轨道卫星（如气象卫星、导航卫星、通信卫星）的应用方面也有很大潜力。太空中的卫星对电源的要求特别严格，既要重量轻、体积小，能经受住强烈的震动，而且还要求使用寿命长。当然，太阳能电池也可以满足这些要求，实际上现在卫星上使用的能源，也主要是太阳能电池。但是，卫星在太空遨游中总不能都迎着太阳飞，要是在阳光微弱或者没有阳光的空间飞行时，如到火星或木星上去考察，就得背离太阳飞行，太阳能电池就失去了用武之地，这时就得依靠同位素电池提供电源；有的行星的温度低到零下数百摄氏度，见不到一点阳光，这时，太阳能电池也派不上用场，同位素电池则可以大显身手。

"阿波罗 11 号"宇宙飞船由"土星 5 号"运载火箭携带升空

>>>>> 全球定位系统由哪些部分组成

全球定位系统（Global Positioning System，GPS），又称全球卫星定位系统，是美国国防部研发的中距离圆形轨道卫星导航系统。它可以为地球表面绝大部分地区（98%）提供准确的定位、测速和高精度的标准时间。全球定位系统可满足位于全球地面任意一处或近地空间的军事用户连续且精确地确定三维坐标、三维运动和时间的需求。

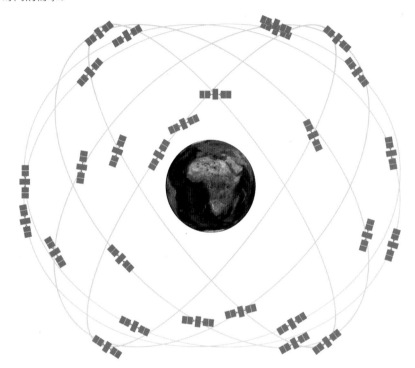

GPS 卫星星座示意

全球定位系统由美国政府于 20 世纪 70 年代开始进行研制，并于 1994 年全面建成。该系统由三部分构成：地面控制部分、空间卫星星座和地面用户设备。

（1）地面控制部分。地面控制部分由主控站、监测站、地面天线和通信辅助系统（数据传输）组成。

主控站负责收集各个监测站的跟踪数据并计算卫星轨道和时钟参数，将计算结果通过地面天线发送给卫星。同时，主控站还负责管理、协调整个地面控制系统的工作。

每个全球定位系统都设有数量不等的监测站，各监测站均配备有精密的原子钟和可连续测定到所有可见卫星伪距的接收机，采用电离层和气象参数对测得的伪距进行改正后，生成具有一定时间间隔的数据并发送到主控站。

GPS 卫星在轨运行示意

在监测站的同址上安置有专用的地面天线。地面天线配置了将命令和数据发送到卫星并接收卫星的遥测数据和测距数据的设备。地面天线的所有操作都是在主控站的控制下进行的。

（2）空间卫星星座。全球定位系统的空间卫星一般运行在距离地面 20000 千米左右的太空，由 30 颗左右的卫星组成星座，依据其结构设计分布在 3 个或 6 个轨道平面上，相邻轨道间的夹角相同。为保证系统的连续运行，一般在每个轨道上还部署一颗备份卫星，一旦有卫星发生故障，则可以立即替代。

（3）地面用户设备。地面用户设备部分即卫星信号接收机。其主要功能是捕获卫星信号，并跟踪这些卫星的运行。当接收机捕获到跟踪的卫星信号后，即可测量出接收天线至卫星的伪距离和距离的变化率，解算出卫星轨道参数等数据。根据这些数据，接收机中的微处理计算机就可按定位解算方法进行定位计算，计算出用户所在地理位置的经纬度、高度、速度、时间等信息。

卫星信号接收机有各种类型，有用于航天、航空、航海的机载导航型接收机，有用于测定定位的测量型接收机，也有普通大众使用的车载、手持型接收机。接收设备也可嵌入其他设备中构成组合型导航定位设备，如导航手机、导航相机等。

GPS 地面监测站

航天飞机的主要结构和功能是什么

　　航天飞机（Space Shuttle）是一种可重复使用的、往返于太空和地面之间的航天器。它既能像运载火箭那样把人造卫星等航天器送入太空，也能像载人飞船那样在轨道上运行，还能像滑翔机那样在大气层中滑翔着陆。航天飞机为人类自由进出太空做出了巨大贡献，是航天史上的一个重要里程碑。迄今只有美国与苏联曾经制造出能进入近地轨道的航天飞机，且成功发射并回收，而美国是唯一曾以航天飞机成功完成载人任务的国家。

航天飞机的结构

　　航天飞机实际上是一个由轨道器、外贮箱和火箭助推器组成的往返航天器系统，但人们通常把其中的轨道器称作航天飞机。

（1）轨道器。轨道器是整个系统的核心部分。它是整个系统中唯一可以载人的、真正在地球轨道上飞行的部件，很像一架大型的三角翼飞机。轨道器所经历的飞行过程及其环境要比航空器恶劣得多，它既要有适于在大气层中作高超音速、超音速、亚音速和水平着陆的气动外形，又要有承受再入大气层时高温气动加热的防热系统。因此，它是整个航天飞机系统中设计最困难、结构最复杂、遇到问题最多的部分。

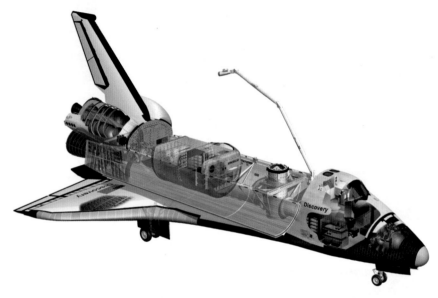

美国"发现"号航天飞机结构

轨道器由前、中、尾三段机身组成。前段结构可分为头锥和乘员舱两部分，头锥处于最前端，具有良好的气动外形和防热系统，前段的核心部分是处于正常气压下的乘员舱。整个乘员舱又可分为3层：上层是驾驶台，有4个座位；中层是生活舱；下层是仪器设备舱。乘员舱为航天员提供宽敞的空间，航天员在舱内可穿普通地面服装工作和生活。一般情况下舱内可容纳4～7人，紧急情况下也可容纳10人。

中段结构主要是有效载荷舱。这是一个大型货舱，可以装载各种卫星、空间实验室、大型天文望远镜和深空探测器等。为了在轨道上施放所携带的有效载荷或回收轨道上运行的有效载荷，舱内设有1～2个自动操作的遥控机械手和电视装置。机械手是一根很细的长杆，在地面上它几乎不能承受自身的重量，但是在失重条件下的宇宙空间，却可以迅速而灵活地载卸10多吨的有效载荷。中段机身除了提供货舱结构之外，也是前段、后段机身的承载结构。

后段结构比较复杂，主要装有 3 台主发动机，尾段还装有 2 台轨道机动发动机和反作用控制系统。在主发动机熄火后，轨道机动发动机为航天飞机提供进入轨道、进行变轨机动和对接机动飞行以及返回时脱离轨道所需要的推力。反作用控制系统用来保持航天飞机的飞行稳定和进行姿态变换。除了动力装置系统之外，尾段还有升降副翼、襟翼、垂直尾翼、方向舵和减速板等气动控制部件。

美国国家航空航天局使用喷气式运输机运送"奋进"号航天飞机

（2）外贮箱。外贮箱主要由前部液氧箱、后部液氢箱以及连接前后两箱的箱间段组成。外贮箱负责为航天飞机的 3 台主发动机提供燃料。它是航天飞机三大模块中唯一不能重复使用的部分，在发射后约 8.5 分钟，燃料耗尽，外贮箱便被抛入大洋中。

（3）火箭助推器。火箭助推器中装有助推燃料，平行安装在外贮箱的两侧，为航天飞机垂直起飞和飞出大气层进入轨道提供额外推力。在发射后的前两分钟，与航天飞机的主发动机一同工作，到达一定高度后，与航天飞机分离，前锥段里降落伞系统启动，使其降落在大洋上，从而可以回收重复使用。

美国"亚特兰蒂斯"号航天飞机放出起落架准备降落

航天飞机的作用

航天飞机除了可以在天地间运载人员和货物之外，凭借它本身的大容积、可多人乘载和有效载荷量大的特点，还能在太空进行大量的科学实验和空间研究工作。它可以把人造卫星从地面带到太空去释放，或把在太空失效的或毁坏的无人航天器，如低轨道卫星等人造天体修好，再投入使用，甚至还可以把欧洲航天局研制的"空间实验室"装进舱内，进行各项科研工作。

美国第一架正式服役的航天飞机"哥伦比亚"号于 1981 年 4 月 12 日发射升空。此后，美国又相继制造了"挑战者"号、"发现"号、"亚特兰蒂斯"号、"奋进"号等航天飞机，并多次进行太空飞行。进入 21 世纪，由于人类开始将太空探索的目光投向火星，对于服务于近地轨道的航天飞机来说已经没有用武之地。2011 年 7 月 21 日，"亚特兰蒂斯"号航天飞机在佛罗里达州肯尼迪航天中心安全着陆，结束其"谢幕之旅"，这意味着美国 30 年航天飞机时代宣告终结。

美国"企业"号航天飞机进行降落测试

🔔 小贴士

　　1981 年至 1993 年底，美国一共有 5 架航天飞机进行了 79 次飞行，其中"哥伦比亚"号 15 次，"挑战者"号 10 次，"发现"号 17 次，"亚特兰蒂斯"号 12 次，"奋进"号 25 次。每次载航天员 2～8 名，飞行时间从 2 天到 14 天不等。在 12 年中，共有 301 人次参加航天飞机飞行，其中包括 18 名女航天员。

▶▶▶ 空天飞机的发动机有何特别之处

　　空天飞机是航空航天飞机的简称，它是既能航空又能航天的新型飞行器，是航空技术与航天技术高度结合的飞行器。空天飞机集喷气式飞机、运载火箭与航天飞机于一身，它既可以作为载人航天器，又可完全重复使用。

　　空天飞机上同时有飞机发动机和火箭发动机，它起飞时并不使用火箭助推器，而是像普通飞机一样从跑道上凭借喷气式发动机起飞，在高空逐渐加速，以高超音速在大气层上层飞行。进入太空前，因为氧气稀薄，喷气式发动机会切换为火箭发动机，以自身携带的氧化剂和燃烧剂助推入太空，成为航天器。空天飞机降落时则可以像普通飞机一样在飞机场降落。

美国X-33"冒险之星"空天飞机飞行示意

为了实现这一功能，工程师想到一个可行的解决方法，就是使用超音速燃烧冲压喷气发动机（Scramjet）作为空天飞机的引擎。这种发动机在升空时会从大气中吸入氧气。由于飞行时会捕捉空气而不用携带助燃剂，所以飞机起飞重量大大减轻。以目前最先进的航天飞机为例，其有一半的发射重量是来自液态氧与氧化剂。整个系统必须一路承载着这些重量，让火箭持续燃烧燃料以进入轨道。换句话说，同样燃烧1千克的推进剂，超音速燃烧冲压喷气发动机所产生的推进力是火箭的4倍。

经过几十年断断续续的发展，具备实用性的超音速燃烧冲压喷气发动机已有望正式投入使用。美国国家航空航天局研制的X-43极音速飞行实验机便搭载了超音速燃烧冲压喷气发动机，但截至2024年仍处于研发阶段。

　　例如，美国能源部的劳伦斯利弗莫尔国家实验室已完成一种超高音速飞机的革命性设计。这架原型机是用氢做动力，时速近 11000 千米，即 10 倍音速。这样的速度使其可在 2 小时内飞到全球任何位置。这种飞机的与众不同之处在于它的飞行轨迹，它在大气层上缘弹跳前进，其轨迹类似一条正弦函数的曲线。按照设计师的构想，这种飞机首先穿越大气层到 40 千米的高空，关掉发动机依靠重力与惯性返回大气层表面。此时再启动超音速燃烧冲压喷气发动机吸入空气推进助燃，再次升入太空。如此往复，不但可以提高燃料的燃烧效率，还减少了散热的麻烦。

美国 X-37 空天飞机准备发射

国际空间站的主要结构和功能是什么

　　国际空间站（International Space Station，ISS）是一个由 6 个国际主要太空机构联合推进的国际合作计划。这 6 个太空机构分别是美国国家航空航天局、俄罗斯联邦航天局、欧洲航天局、日本宇宙航空研究开发机构、加拿大国家航天局和巴西航天局。参与该计划的共有 16 个国家或地区组织，包括美国、俄罗斯、日本、加拿大、巴西、比利时、丹麦、法国、德国、意大利、挪威、荷兰、西班牙、瑞典、瑞士和英国。

命名由来

　　国际空间站的设想是 1983 年由美国总统里根首先提出的，经过十余年的探索和多次重新设计，直到苏联解体，俄罗斯加盟，国际空间站才于 1993 年完成设计，开始实施。

　　"国际空间站"这一名称是不同命名之间妥协的产物。国际空间站最初提议的名字是"阿尔法空间站"（Alpha），但是遭到俄罗斯的反对，俄方认为这样的命名暗示国际空间站是人类历史上第一个空间站，可是事实上苏联以及后来的俄罗斯在此之前已经成功运行过8个空间站。

航天员正在搭建国际空间站的综合桁架结构

　　俄罗斯提议将空间站命名为"亚特兰大"（Atlanta），但是这个提议遭到美国的反对，美方认为亚特兰大的读音和拼写太接近传说中沉没的大陆"亚特兰蒂斯"，其中似乎隐含了不祥的征兆，而且亚特兰大这个名字也容易与美国的一架航天飞机"亚特兰蒂斯"号航天飞机相混淆。

🔔 小贴士

　　虽然国际空间站的命名没有采用最初提出的"阿尔法空间站"，但是空间站的无线电呼号却是"阿尔法"，这个呼号是空间站第一批乘员登站时确定的，当时国际空间站的名字仍然未定，时任美国国家航空航天局局长的丹尼尔·戈登便给空间站取了一个临时呼号"阿尔法"，这个呼号最后沿用下来，成为空间站的正式电台呼号。

主要结构

　　国际空间站总体设计采用桁架挂舱式结构，即以桁架为基本结构，增压舱和其他各种服务设施挂靠在桁架上，形成桁架挂舱式空间站。大体上看，国际空间站可视为由两大部分立体交叉组合而成：一部分是以俄罗斯的多功能舱为基础，通过对接舱段及节点舱，与俄罗斯服务舱、实验舱、生命保障舱、美国实验舱、日本实验舱、欧洲航天局的"哥伦布"轨道设施等对接，形成空间站的核心部分；另一部分是在美国的桁架结构上，装有加拿大的遥控操作机械臂服务系统和空间站舱外设备，在桁架的两端安装 4 对大型太阳能电池帆板。这两大部分垂直交叉构成"龙骨架"，不仅加强了空间站的刚度，而且有利于各分系统和科学实验设备、仪器工作性能的正常发挥，以及航天员出舱装配与维修等。

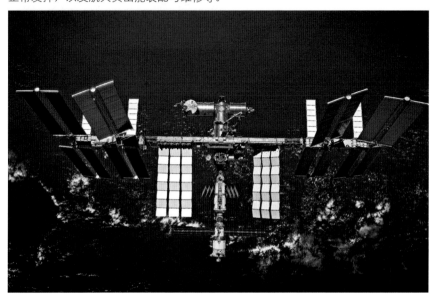

国际空间站（俯视）

国际空间站的各种部件是由各国分别研制，其中美国和俄罗斯提供的部件最多，其次是欧洲航天局、日本、加拿大和意大利。这些部件中核心的部件包括多功能舱、服务舱、实验舱和遥控操作机械臂等。俄罗斯研制的多功能舱具有推进、导航、通信、发电、防热、居住、贮存燃料和对接等多种功能，在国际空间站的初期装配过程中提供电力、轨道高度控制及计算机指令；在国际空间站运行期间，可提供轨道机动能力和贮存推进剂。

俄罗斯研制的服务舱作为国际空间站组装期间的控制中心，用于整个国际空间站的姿态控制和再推进；它带有卫生间、睡袋、冰箱等生活保障设施，可容纳 3 名航天员居住；它还带有一对太阳能电池帆板，可向俄罗斯部件提供电源。

实验舱是国际空间站进行科学研究的主要场所，包括美国的实验舱和离心机舱、俄罗斯的实验舱、欧洲航天局的"哥伦布"轨道设施和日本实验舱。舱内的实验设备和仪器大部分都放在国际标准机柜内,以便于维护和更换。

加拿大研制的遥控操作机械臂长为 17.6 米,能搬动重量为 20 吨左右、尺寸为 18.3 米 ×4.6 米的有效载荷,可用于空间站

在国际空间站中工作的俄罗斯航天员

的装配与维修、轨道器的对接与分离、有效载荷操作以及协助航天员出舱活动等,在国际空间站的装配和维护中将发挥关键作用。

主要功能

国际空间站将作为科学研究和开发太空资源的手段,为人类提供一个长期在太空轨道上进行对地观测和天文观测的机会。

在对地观测方面,国际空间站要比遥感卫星优越。它是有人参与遥感任务中,因而当地球上发生地震、海啸或火山喷发等事件时,在国际空间站上的航天员可以及时调整遥感器的各种参数,以获得最佳观测效果;当遥感器等仪器设备发生故障时,又可随时维修恢复正常工作状态;它还可以通过航天飞机或宇宙飞船更换遥感仪器设备,使新技术能够及时得到应用,同时还能节省经费。用它对地球大气质量进行监测,可长期预报气候变化。在陆地资源开发、海洋资源利用等方面,国际空间站也能发挥出巨大的作用。

国际空间站在天文观测上要比其他航天器优越得多,是了解宇宙天体位置、分布、运动结构、物理状态、化学组成及其演变规律的重要手段。因为有人参与观测,再加上空间站在太空的活动位置和多方向性,以及机动的观察测定方法,因而仪器设备的作用可得到充分发挥。通过国际空间站,天文学家不仅能获得宇宙射线、亚原子粒子等重要信息,了解宇宙奥秘,而且还能对影响地球环境的天文事件(如太阳耀斑、暗条爆发等)做出快速反应,及时保护地球,保护在太空飞行的航天器及其成员。

国际空间站上的生命科学研究,可分为人体生命与重力生物学两方面。人体生命科学的研究成果可直接促进航天医学的发展,例如,通过多种参数来判断重力对航天员身体的影响,可提高对人的大脑、神经和骨骼及肌肉等方面的研究水平。重力生物学和材料科学的研究与应用具有广阔的前景,而国际空间站的微重力条件要

比"和平"号空间站和航天飞机优越得多，特别是在材料发展上可能取得一次革命性的进展。

仅就太空微重力这一特殊因素来说，国际空间站就能给研究生命科学、生物技术、航天医学、材料科学、流体物理、燃烧科学等提供比地球上好得多，甚至在地球上无法提供的优越条件，直接促进这些科学的进步。同时，国际空间站的建成和应用，也向着建造太空工厂、太空发电站，进行太空旅游，建立永久性居住区（太空城堡），向太空其他星球移民等载人航天的远期目标前进了一步。

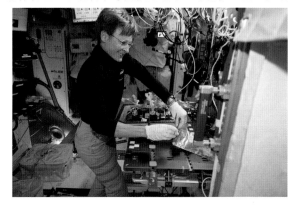

美国航天员佩姬·惠特森在国际空间站中进行蔬菜种植试验

▶▶▶　充气式空间站是异想天开还是切实可行

众所周知，从苏联发射世界上第一个空间站"礼炮1"号开始，人类已经向太空发射了十余个大型空间站，这些空间站都采用金属外壳和架构。然而，美国毕格罗宇航公司却在研制充气式空间站。

迄今为止，人类发射的空间站，无论是单一式还是组合式，采用的都是金属外壳。金属的外壳可以为航天员提供一个相对安全的环境，这是航天员在空间站中开展工作和生活的前提。虽然采用金属外壳的空间站具有坚固牢靠的优点，但如果要建造一个大型组合式空间站，尺寸巨大的舱段和桁架必须使用火箭或航天飞机一个接一个发射到太空中，然后在太空进行组装，工作量非常大。以现役的国际空间站为例，它于1993年完成设计，建造工作一直持续了十余年。其中，发射和组装的工作量大是导致建造进程缓慢的一个重要原因。为此，各航天大国一直都在寻求这个问题的解决办法，充气式空间站就是其中一种思路。

现代社会中，很多物品都采用折叠设计，如充气床、充气沙发，这些充气式设计的物品不用时放掉气体，折叠后占用的空间很小。既然日常生活用品可以采用折叠设计，空间站也可以考虑采用充气式设计。充气式空间站发射前折叠在火箭整流罩内，在进入太空后充气展开。

毕格罗宇航公司的充气式舱段

事实上，在20世纪60年代，美国国家航空航天局（NASA）就有类似的想法。当时，NASA授权一个轮胎生产厂研制可折叠的卫星，但该厂跳不出研制轮胎的思路，制造出了一个巨大轮胎形卫星，自然没有被NASA看上。20世纪90年代，在论证国际空间站的过程中，NASA计划为空间站打造一个充气式舱段，但由于存在较大的技术风险，心里没底的NASA最终没有发射这个舱段。最后，NASA将充气式舱段的专利卖给了毕格罗宇航公司。毕格罗宇航公司购买技术后就提出了雄心勃勃的建造充气式空间站计划。

除了毕格罗宇航公司，俄罗斯也在进行充气式舱段和空间站的研究。早在2006年，俄罗斯就使用"第聂伯"运载火箭将"起源1"号充气式试验轨道飞行器送入了太空，验证充气式飞行器自动展开技术。据悉，俄罗斯还会启动充气式太空旅馆、充气式星际飞船等航天器的研究工作。

与金属外壳空间站相比，充气式空间站可以获得更大的容积。这是因为充气式空间站进入太空后可充气展开，而金属外壳的空间站在地面多大，进入太空后也就多大。空间站容积越大，搭载的载荷就越多，航天员居住和工作环境也越舒适。

充气式舱段内部

充气式空间站确实有许多优点，但必须解决辐射、抵御太空微小垃圾撞击等难题。以抵御太空微小垃圾撞击为例，这些太空垃圾运行速度非常快，即使尺寸很小的垃圾撞到空间站，撞击的能量也是非常大的，甚至会割破充气式空间站的外壳。

目前，制造充气式空间站的材料技术已经有了突破，当务之急就是进行在轨测试，再根据测试结果进行改进。随着关键技术的逐步突破，充气式空间站将步入实用阶段。此外，以充气式空间站为基础还可以建造月球基地、星际飞行载人飞船等，可以说前景一片大好。

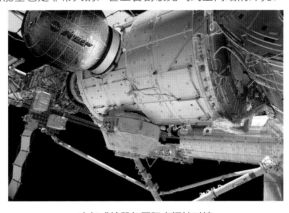

充气式舱段与国际空间站对接

小贴士

　　毕格罗宇航公司计划建造两个独立的充气式舱段，分别被命名为"创世纪1"号和"创世纪2"号，这两个充气式舱段旨在验证充气式空间站部署到地球轨道上的基本条件，并为未来建立更大规模的充气式空间站做准备。同时，NASA也将对充气式空间站进行测试，确定其是否适合载人居住，尤其是空间站内部的辐射水平能否达到安全标准。

>>> 火箭使用的液体推进剂主要有哪些类型

　　液体推进剂是液体火箭发动机的能源和工质，在航天发射领域被普遍应用。按照液体推进剂本身的用途，可分为主推进剂、启动推进剂和辅助推进剂；按照推进剂所包含的基本组元数量，可分为单组元、双组元和三组元推进剂。

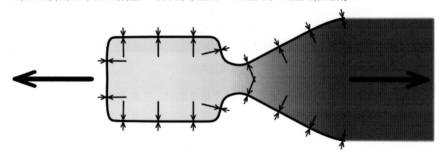

液体火箭发动机推力产生原理示意

　　单组元液体推进剂既可以是具有氧化性和还原性物质的混合物，也可以是单一的化合物，这种单一的化合物在其分解时可以伴随着热量释放最后汽化。火箭发动机单组元液体推进剂在自然条件和控制环境下必须是稳定的，且当加压、加热或经过催化剂时，能够产生高温燃烧气体或分解气体。通常单组元液体推进剂发动机系统具有结构简单的优越性。但遗憾的是，大多数实用的单组元液体推进剂（如过氧化氢）的性能都较低，因此主要用于火箭发动机系统中的副能源，如涡轮泵的气体发生器和辅助动力传动，以及用于姿态和滚动控制用的喷气源。也有一些高性能的单组元液体推进剂，但它们的稳定性较差，如硝基甲烷，故在火箭上应用是不安全的。

　　双组元液体推进剂发动机系统采用两种不同的推进剂组元，通常一种为氧化剂，另一种为燃料。单独的贮箱分别贮存氧化剂和燃料。氧化剂和燃料一直到它们进入燃烧室之前，始终是不混合的。现代液体推进剂火箭发动机几乎全都采用双组元推进剂，这是因为它们的性能较高，同时双组元推进剂比较安全和便于调节。

三组元推进剂是指在液态燃料中加入少量高燃烧热的金属粉末，如铝、镁、铍、锂等，这样，与氧化剂一起组成三个组元；也有采用液氧、煤油、液氢的三组元方案。理论上讲，三组元推进剂能得到化学推进剂中的最高比冲。

根据氧化剂和燃料直接接触时的化学反应能力，可将推进剂划分为非自燃推进剂和自燃推进

V-2 火箭的发动机涡轮泵

剂。非自燃推进剂需要设置点火装置。而对于自燃推进剂的组元，当它们在使用温度和使用压强范围内以液态相接触时，就能进行放热的化学反应。自燃推进剂使点火问题大大简化了，但也带来了危险性。例如，由于贮箱和其他组件泄漏引起燃料和氧化剂的意外混合，会引发爆炸。

按照推进剂组元保持液态的温度范围，可分为低沸点推进剂（低温推进剂）和高沸点推进剂（可储存推进剂）。

在标准压强下，低沸点推进剂组元的沸点低于 298 开，并处于不断汽化的状态。某些液体推进剂是液化气体，其在大气压强下具有非常低的沸点。比较常用的低温推进剂有液氧和液氢。在目前大量使用的推进剂中，液氧、液氢推进剂的效能是最高的。但液氢的低密度和极易蒸发是其最大的缺点，因此应特别重视低温推进剂的储存和使用问题。为了减少由蒸发引起的损失，必须采取良好的绝热措施。

与低沸点推进剂相反，在使用条件下，高沸点推进剂组元的沸点高于 298 开，这类推进剂在地面的一般使用条件下是液态的，而且在保存时无蒸发损失。某些液体推进剂在一个相当宽的温度和压强范围内是稳定的，并且与结构材料发生化学反应的概率很小，这就允许推进剂在一个封闭容器内储存一年或更长的时间，这些推进剂也通常被称为可储存推进剂（常规推进剂）。可储存推进剂一般包括一系列推进剂组合，主要是以四氧化二氮（NTO）为氧化剂，以肼、一甲基肼（MMH）、偏二甲肼（UDMH）或它们的混合物为燃料。可储存液体推进剂几乎不需要发射准备时间，无须采取特殊的隔热措施，可以在加注状态下长期保存，因此，可储存推进剂在军事用途飞行器上有很广泛的应用。

使用液体火箭发动机作为动力的俄罗斯"联盟"号运载火箭

在液体火箭发动机上可采用的液体氧化剂有硝酸、四氧化二氮、过氧化氢、三氟化氯、液氧和液氟,前四种是可储存的氧化剂,后两种是低温氧化剂。可采用的燃料有乙醇、煤油、肼、偏二甲肼和液氢,前四种是可储存的燃料,后一种是低温燃料。

小贴士

历史上第一枚液体火箭是由美国火箭学家罗伯特·戈达德于1926年发射的。德国火箭专家冯·布劳恩的研究团队在二战期间研制的V-2火箭极大地促进了大型液体火箭发动机的发展。

"联盟"号运载火箭的尾喷口

火箭燃料装在"暖水瓶"里的原因是什么

1981年4月12日,美国"哥伦比亚"号航天飞机在佛罗里达州肯尼迪航天中心发射场成功发射。该航天飞机是第一个采用新型助推剂——液氢的航天器。此次试飞取得成功后,液氢成为各航天器发射的主要燃料。为什么要采用液氢作为航天器的主要燃料呢?

氢普遍存在于自然界中，有"生命之源"之称的水，就是由氢原子与氧原子结合而构成的。氢极易在空气中燃烧。除核燃料之外，氢的发热值是所有化石燃料、化工燃料和生物燃料中最高的。每千克氢燃烧后产生的热量，约为焦炭的 4.5 倍，汽油的 3 倍，酒精的 3.9 倍。如果把海水中的氢全部提取出来，它可产生的热量甚至比地球上所有的化石燃料释放出的总热量还大 9000 倍。氢的燃烧产物是水，因此，氢能是世界上公认的最洁净的能源。

制取的氢在常态下是气体，而且在空气中很容易燃烧。大量氢气在空气中燃烧，会引起爆炸。因此，如何安全存储和运输氢，是氢能开发的关键之一。

最常用的贮氢方法是高压气态储存法，就是利用容器将氢气储存起来。但由于氢气的密度小，0.5 千克的氢气要储存到特制的 40 升钢瓶里需要 150 个大气压。

英国物理学家詹姆斯·杜瓦　　　　保存在英国皇家博物馆中的小型"杜瓦瓶"

对于固定地点的大量贮氢，如制取氢气的工厂，可以采用地下贮存的方式，利用密封性好的气穴、采空的油田或盐窟等。这种方式只需花费氢气的压缩费用而不需要购买贮氢容器，可以降低贮氢的费用，且比较经济、安全，但是要找到合适的地理条件，并研究出良好的地下封口方法。

由于发射火箭所需要的氢非常多，所以运用这种高压气态存储方法并不适合。于是科学家设想，如果有个方法能够把大量的氢气"变形"存储起来就好了。20 世纪初，英国物理学家詹姆斯·杜瓦（James Dewar）按照装开水的暖水瓶的原理（在铁壳里放一个双层之间真空镀水银的保温玻璃瓶），发明了储运液氢的高度真空绝热的"杜瓦瓶"，从而使低温液氢储存成为可能。

　　这种方法是将氢气冷却至 −252.72℃，使其变为液体。液态氢密度高、体积小，可以通过加压的方式将它们灌至特制的深冷杜瓦瓶中。这就是要把火箭的燃料"装"进"暖水瓶"中储存的原因。

美国"哥伦比亚"号航天飞机由火箭携带升空

>>> 固体火箭发动机的燃烧室如何隔热

固体火箭发动机（Solid propellant rocket engine）是使用固体推进剂的化学火箭发动机，又称固体推进剂火箭发动机。固体推进剂点燃后在燃烧室中燃烧，将化学能转化为热能，生产高温高压的燃烧产物。燃烧产物流经喷管，在其中膨胀加速，将热能转化为动能，以高速从喷管排出，从而产生推力。

固体火箭发动机主要由壳体、固体推进剂、喷管组件、点火装置四部分组成，其中固体推进剂配方及成型工艺、喷管设计及采用材料与制造工艺、壳体材料及制造工艺是最为关键的环节，直接影响固体火箭发动机的性能。固体推进剂配方各种组分的混合物既可以用压伸成型工艺预制成药柱再装填到壳体内，也可以直接在壳体内进行贴壁浇铸。壳体直接用作燃烧室。燃气以超音速从喷管中排出，产生推力。

固体推进剂是由氧化剂、燃料（可燃剂）和其他添加剂组成的固态混合物，按配方组分性质可分为单基推进剂、双基推进剂、复合推进剂、改性双基推进剂等；按质地的均匀性可分为均质推进剂

美国"米诺陶"固体燃料火箭

（如单基、双基推进剂）和异质推进剂（如复合推进剂和改性双基推进剂）；按能量水平可分为高能、中能、低能推进剂。

固体推进剂在燃烧时，燃烧室要承受 2500℃～3500℃的高温，以及高压和高燃气流冲刷，工作环境十分恶劣，所以必须采用高强度合金钢、钛合金或复合材料制造，并在药柱与燃烧室内壁间放置隔热材料层，以防止热量迅速传递给壳体，否则将导致金属壳体被烧穿，进而发生爆炸。

此外，固体火箭发动机的隔热材料在推进剂静态储存时期，又可防止推进剂的化学成分腐蚀金属壳体，从而提高储存期的稳定性和可靠性，延长有效储期。因此，隔热层应具备密度低、强度高、耐腐蚀、热导率低、耐冲刷和易加工等特性。目前，固体火箭发动机的隔热层主要采用碳纤维复合材料制造。这种材料可用黏胶基碳纤维制作。

另外，采用黏胶基碳纤维的增强丁腈橡胶和酚醛树脂也是一种较好的隔热材料配方，这就是所谓的碳纤维增强橡塑复合材料。目前，全世界黏胶基碳纤维的产量约为 100 吨 / 年，主要用于包括火箭发动机、武器载荷在内的散热和隔热材料。

美国"德尔塔 2 号"运载火箭使用的 GEM-40 固体火箭发动机

使用 GEM-60 固体火箭发动机的美国"德尔塔 4 号"运载火箭点火

火箭电推进系统与化学推进系统相比有哪些优势

电推进系统，也称电火箭发动机，是一种不依赖化学燃烧就能产生推力的设备。它的突出优点是不再需要使用固体或者液体燃料，省去了复杂的储罐、管道、发动机燃烧室、喷管、相应冷却机构等，能大幅减少航天器的燃料携带量。如果电推进系统完全取代化学燃料发动机，还能极大地简化航天器设计，降低发生故障的概率。与化学火箭发动机相比，电火箭发动机的技术要求更高，目前能研制并应用电火箭发动机的只有美国、俄罗斯、欧洲航天局和日本等。

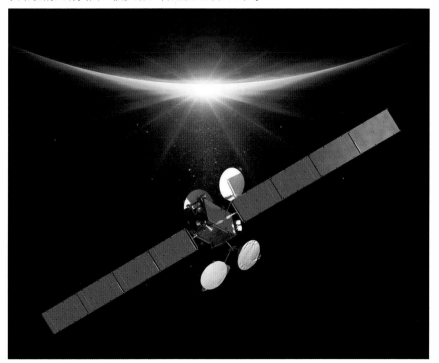

ABS-3A 卫星在轨运行示意

虽然电火箭发动机听起来是一个充满科幻色彩的话题，但追本溯源，它已经有100多年的历史了。电火箭发动机之所以没有像化学火箭一样被大范围应用，主要原因是它的推力太小。对于航天发射来说，目前还没有它的用武之地。但作为卫星、飞船、星际探测器的姿态、轨道控制的推力器，以及星际航行的动力，电火箭发动机的优势是无可比拟的。因此，航天界从来没有忘记电火箭发动机，一直在设法使它实用化。经过几十年的发展，人们提出了多种电火箭原理，其中最成功的是离子和等离子推力器。此外，还有人提出过其他类型的电火箭，如光子推进、质子真空等离子推进、电磁推进等。

目前，电推进系统已经在星际航行中证明了自己的性能与可靠性。例如，2003 年 5 月 9 日，日本发射了"隼鸟"号小行星探测器。"隼鸟"号在两年多的飞行期间，一直使用氙离子发动机航行。直到 2005 年 8 月 28 日接近

"欧洲通信 -115 西 B"卫星

小行星，"隼鸟"号的氙离子发动机已经累计工作了 25800 小时，产生了 1400 米 / 秒的速度增量，消耗氙气 22 千克。在完成采样并返航时，"隼鸟"号的几个化学燃料姿态推力器全都发生故障，只能依靠离子发动机。

2015 年，欧洲卫星公司的"欧洲通信 -115 西 B"（Eutelsat-115 West B）卫星和亚洲广播卫星公司的 ABS-3A 卫星发射入轨。这两颗卫星都是美国波音公司协助研制的全电推进卫星，它们在 702 大型平台上全面改用了电推力器，因为取消了化学燃料和化学发动机，所以重量大幅下降到原来的一半左右，可以用中型火箭一箭双星发射。这意味着用户只需花费过去一半的钱就能发射卫星，因此对国际通信卫星市场造成了相当大的冲击。

未来，深空探测等空间活动将继续成为众多航天技术的推动力，为了完成现在和未来的空间任务，电推进系统将不断完善，并发挥其独特的优势。

日本"隼鸟"号小行星探测器运行示意

>>> 航天员穿戴的航天服有何特别之处

航天服（Spacesuit）是保障航天员的生命活动和工作能力的个人密闭装备，根据航天员的活动范围和航天任务，航天服应当满足这样一些条件：能使位于太空的人体处于加压状态；能供给保障航天员生命安全所必需的氧气，消除二氧化碳，并能够控制温度和湿度；能使航天员在宇宙空间具有各种活动能力，并能使航天

美国国家航空航天局展出的舱外航天服

员的疲劳程度减轻到最低；穿戴和脱下方便；具有防护宇航射线辐射的能力；能经得起微流星的冲击；具有应付太空意外事故的能力。

身穿舱外航天服进行太空行走的美国航天员

航天服按其用途分主要有两种。一种是在飞船内部穿用的航天服，这种航天服是在飞船座舱内使用的应急装置。当飞船发生故障时，它可以保护航天员安全地返回地面。这种航天服一般比较轻便，在不加压时穿着比较舒适、灵活，因此有助于航天员在不加压状态下较长时间地穿着。另一种是航天员在飞船外部工作时穿用的航天服，用以保证航天员进入外层空间或者降落到其他天体表面完成一定的工作任务。这种航天服具有更高的可靠性，它还装配有携带式生命保障系统，并携带有供航天员在外层空间运动的小型火箭。

航天服一般由密闭头盔和密闭服组成。密闭头盔由透明聚碳酸酯制成，为防止来自太阳的紫外线与红外线等强烈辐射，在头盔的透明层上涂有金属薄层。密闭头盔内可以供氧和加压。密闭服通常由几层具有耐高温的防火聚酰胺纤维织物等一些特殊材料制成，其中夹有数层铝箔，具有隔热、防护宇宙射线以及防止太空中微流星的撞击等作用。为了适应航天员在航天飞行中长时间穿用，航天服具有良好的气密性。另外，航天服还配备有自动控制空气再生和调节的自给系统、无线电通信系统、航天员的摄食与排泄等设施。

虽然世界各国制造的航天服各有区别，但是基本结构大致相同。一般来说，各国航天服在结构上至少分为以下几层。

（1）内衣舒适层。航天员在长期飞行过程中不能洗换衣服，大量的皮

身穿舱外航天服的美国航天员尼尔·阿姆斯特朗

脂、汗液等会污染内衣，故选用质地柔软、吸湿性和透气性良好的棉针织品制作。

（2）保暖层。在环境温度变化范围不大的情况下，保暖层用以保持舒适的温度环境。选用保暖性好、热阻大、柔软、重量轻的材料，如合成纤维絮片、羊毛和丝绵等。

（3）通风服和水冷服（液冷服）。在航天员体热过高的情况下，通风服和水冷服以不同的方式散发热量。若人体产生热量超过350大卡/时（如在舱外活动），通风服便不能满足散热要求，这时即由水冷服降温。通风服和水冷服多采用抗压、耐用、柔软的塑料管制成，如聚氯乙烯管或尼龙膜等。

（4）气密限制层。在真空环境中，只有航天员身体周围有一定压力时才能保证航天员的生命安全。因此，气密层采用气密性好的涂氯丁尼龙胶布等材料制成。限制层选用强度高、伸长率低的织物，一般用涤纶织物制成。由于加压后活动困难，因此各关节部位采用各种结构形式，如网状织物形式、波纹管式、橘瓣式等，配合气密轴承转动结构以改善其灵活性。

（5）隔热层。航天员在舱外活动时，隔热层起过热或过冷保护作用。隔热层用多层镀铝的聚酰亚胺薄膜或聚酯薄膜并在各层之间夹以无纺织布制成。各膜之间用网络物隔开，贴在一起形成屏蔽。隔热层有良好的隔热和防辐射作用。

（6）外罩防护层。是航天服最外的一层，要求防火、防热辐射和防宇宙空间各种因素（微流星、宇宙线等）对人体的危害。这一层大部分用镀铝织物制成。这个外套要求防磨损力强、耐高温，除能防护内部各层不受损坏外，还要注意颜色的选择，一般用白色或金黄色为好。

事实上，许多航天服还不止这几层，如美国的航天服多达15层，这还不算航天员背负的背包。这个背包连接着航天服，构成了一个完整的生命维持系统。

俄罗斯航天员的舱外航天服

Part 03
发射篇

　　目前，唯一能使物体达到宇宙速度、克服或摆脱地球引力，进入宇宙空间的运载工具就是火箭。火箭是以高温气流高速向后喷出，利用产生的反作用力向前运动的喷气推进装置。火箭自身携带燃烧剂与氧化剂，不依赖空气中的氧助燃，使其可在大气中以及外层空间飞行。

航天器发射场的选址有何特殊要求

航天器发射场是为了保障航天运载火箭的装配、发射前准备、发射、弹道测量、发送指令，以及接收和处理遥测信息而专门建造的一整套地面设备、设施和建筑，是一个国家航天能力的重要组成部分。

发射场选址要求

航天器发射场场址的选择是发射场规划建设的基础和先决条件，其选择是否正确得当、科学合理，直接关系到发射场规划建设与投资、发射试验能力、技术与经济效益和可持续发展能力等各项重要技术指标。

任何一个航天器发射场场址的选择，主要以航天器、运载火箭的发射使用需求为选址建设的出发点和基础。因此，航天器和运载火箭的发射使用要求与需求分析是发射场场址选择应遵循的最基本原则，主要包括9个方面：①航天器发射任务的性质与任务类型；②航天器与运载火箭类型、结构尺寸、质量与运输要求；③使用的推进剂类型、种类与加注要求；④发射飞行轨道与射向范围要求；⑤发射周期与年发射能力要求；⑥气象与环境条件要求；⑦地面技术支持与保障要求；⑧发射控制与首区、航区、残骸落区安全要求；⑨测量控制与通信要求。

俄罗斯"联盟"号宇宙飞船在拜科努尔发射场发射

运载火箭发动机所用的推进剂大多有毒性，且易燃、易爆，火箭发动机点火后喷出的有害气体会污染周围的环境，助推火箭或运载火箭的第一级在完成工作后坠落地面，或因故障和失误造成发射失败，都会对地面人员生命财产构成严重威胁。因此，世界各国通常把航天器发射场选在人口稀少，地势平坦，视野开阔，地质、水源、气候和气象条件适宜的内陆沙漠、草原或海滨地区，也有建在山区或岛屿上的。另外，地球自转的影响也是选址的考虑因素。特别是发射地球静止轨道卫星或小倾角轨道航天器的发射场，宜选建在地球赤道附近或低纬度地区。这样的地区比较容易获得小倾角轨道，能减少远地点变轨所需要的能量，缩短从发射点到入轨点的航程。法国圭亚那航天中心就是基于这点考虑选址的。

主要设施和设备

航天器发射场通常由测试区、发射区、发射指挥控制中心、综合测量设施、各勤务保障设施和管理服务部门组成。某些航天器发射场还包括助推火箭或运载火箭的第一级工作完成后的坠落区和再入航天器（如航天飞机的轨道器）或回收舱的着陆（溅落）区。

航天器发射场的全部设备分为专用技术设备和通用技术设备。专用技术设备包括运输设备、起重装卸设备、装配对接设备、地面供电设备、地面检测和发射用电气设备、自动控制设备、推进剂贮存和加注设备、废气和废液处理设备、发射勤务设备、遥控和监控设备、测量和数据处理设备。

通用技术设备有动力、通信、气象、计量、给排水、供气、消防、修理等设备。固体火箭的航天器发射场设有专门的固体火箭装配厂房及其辅助设施。航天飞机发射场还设有轨道器返回着陆设施（如跑道和其他着陆设施），设有轨道器检修、装卸载荷、有毒燃料处理等设施和设备，以便修整后重复使用。

世界著名发射场

（1）肯尼迪航天中心。肯尼迪航天中心是美国最大的载人航天基地，建于1962 年 7 月，位于美国佛罗里达州卡纳维拉尔角。其优势是发射场纬度较低，向东发射火箭，可借助地球自转来提高火箭的运载能力，有助于卫星入轨；附近的海岛还可用作理想的跟踪测量站站址；发射方向面朝大海，没有人口密集的忧虑，飞行中的火箭万一出现故障，也不会造成严重的安全问题。肯尼迪航天中心是美国国家航空航天局进行载人与不载人航天器测试、准备和实施发射的最重要场所，从这里进行的航天器发射任务，包括了美国所有向地球同步轨道的发射任务，发射过"阿波罗"飞船、"天空"实验室、不载人行星和行星际探测器以及科学、气象、通信卫星等。

肯尼迪航天中心

　　（2）拜科努尔发射场。拜科努尔发射场建于1955年，位于哈萨克斯坦拜科努尔市西南288千米处。俄罗斯从1994年开始租赁该发射场，预计租赁期限至2050年，是俄罗斯最大的航天器和导弹发射试验基地，其规模相当于美国的肯尼迪航天中心。拜科努尔发射场的主要任务是发射载人飞船、卫星、月球探测器和行星探测器，进行各种导弹和运载火箭的飞行试验。另外，这里还进行拦截卫星和部分轨道轰炸系统的试验。俄罗斯在此发射了世界第一颗人造卫星及其他行星探测器，还发射了"东方"号、"上升"号、"联盟"号等载人飞船和"礼炮"号空间站及"暴风雪"号航天飞机。

拜科努尔发射场

（3）库鲁发射场。库鲁发射场位于南美洲北部法属圭亚那中部的库鲁地区，于1971年建成，是目前法国唯一的航天器发射场，也是欧洲航天局开展航天活动的主要场所。由于发射场的纬度低，相同发射方位角的轨道倾角小，因而远地点变轨所需要的能量小，可以相应地增加向地球同步轨道上发射有效载荷的重量。库鲁发射场因发射"阿丽亚娜"运载火箭而闻名，迄今该系列火箭发射成功率已达90%以上，发射场主要用于科学卫星、应用卫星等各类空间飞行器的测试发射等，是世界上承揽商业航天发射最多的发射中心，近200枚运载火箭从这里点火升空，已将250余颗不同型号的卫星送入太空。

库鲁发射场

（4）斯里哈里科塔发射场。印度的导弹试验和卫星发射场位于印度南部东海岸的斯里哈里科塔岛，1979 年正式投入使用。1980 年 7 月 18 日，印度用自制的火箭成功发射人造卫星，成为世界上第 7 个自行发射卫星的国家。发射场拥有发射各种卫星的大型运载火箭的试验、组装和发射设施，拥有跟踪、测量各种卫星的测控站。印度空间研究组织还在此建设了固体推进器工厂，为大型运载火箭生产固体发动机。时至今日，该中心已成为印度最大的航天城和航天器发射中心，印度卫星运载火箭、极地轨道运载火箭和地球同步轨道运载火箭都是从这里点火升空的。

>>>>> 发射航天器要用多级火箭的原因是什么

火箭作为一种运输工具，它的任务是将具有一定质量的航天器送入太空。航天器在太空中的运行情况与它进入太空时的初始速度的大小和方向有关。一般来说，在理想情况下，通过计算，如果航天器进入轨道的速度小于第一宇宙速度（7.91 千米/秒），航天器将落回地面；如果航天器进入轨道的速度介于第一宇宙速度与第二宇宙速度（11.2千米/秒）之间，则它就会在地球引力场内飞行，成为人造卫星；而当航天器进入轨道的速度介于第二宇宙速度与第三宇宙速度（16.7千米/秒）之间时，它就会脱离地球引力的束缚成为太阳系内的人造行星；当航天器进入轨道的速度达到或超过第三宇宙速度时，它就能飞离太阳系。

因此，若要成功发射卫星，达到第一宇宙速度是最低要求。而目前单级火箭能到达的最大速度也只有 5～6 千米/秒，距离第一宇宙速度还有一定距离。若要满足要求，有 3 种办法：一是通过研究选用材料进而减少火箭整体重量；二是提高燃料的燃烧效率，即用尽量少的燃料产生更多的动力；三是通过增加燃料的携带量而使推进的时间更加持久。多级火箭利用的就是第 3 种办法。

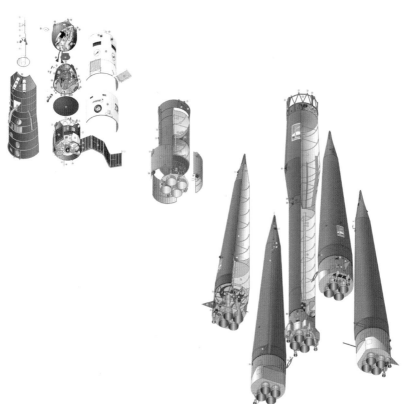

俄罗斯"联盟"号宇宙飞船及其多级运载火箭示意

为什么一定要采用多级火箭呢？如果采用单级火箭，当燃料增加时，贮箱容积增大，质量也会增加。火箭飞行一段时间之后，燃料被消耗，贮箱越来越空，燃料越来越少，其产生的能量不仅要推动航天器，还需要推动这部分空贮箱，且贮箱质量还很大，因此就造成了大量的能量浪费。而若采用多级火箭，则是每过一段时间就把不再有用的结构（消耗完的燃料贮箱）抛弃掉，无须再消耗燃料来带着它和航天器一起飞行。因此，只要增加燃料质量的同时适当地将火箭分成若干级，就能使燃料利用率提高，从而使火箭获得足够大的运载能力。

多级火箭可以是串联式的、并联式的或串并联式的，但常用的形式是串联和串并联。串联就是将多个火箭通过级间连接/分离机构连成一串，第一子级在最底下，先工作，工作完毕后通过连接/分离机构被抛弃掉。接着，其上面级火箭依次工作并被依次抛弃，直到有效载荷进入飞行轨道。并联就是将多个火箭并排地连接在一起，周围的子级火箭先工作，工作完毕后被依次抛弃，直至有效载荷进入飞行轨道，中央的芯级火箭最后工作。以这种方式连接的多级火箭又被称为捆绑式火箭。如果芯级火箭本身是串联式多级火箭，这种形式就是串并联。

苏联"东方"号多级运载火箭

美国"土星5"号运载火箭正在吊装第二级

美国"土星5"号运载火箭发送"阿波罗15号"宇宙飞船到月球

　　多级火箭与单级火箭相比有以下优点：多级火箭在每级工作结束后可以抛掉不需要的质量，因而在火箭飞行过程中，能够获得良好的加速性能，逐步达到预定的飞行速度；多级火箭各级发动机是独立工作的，可以按照每级的飞行条件设计发动机，使发动机始终处于最佳工作状态，从而也就提高了火箭的飞行性能；多级火箭可以灵活地选择每级发动机推力的大小和工作时间，以适应发射轨道的要求、轨道测量的要求以及载人飞船对飞行过载的要求。

当然，任何事物都有两面性，有优点自然也有缺点，使用多级技术也使得整个火箭变得更加复杂，更加难以制造，发射失败的风险也更大。此外，多级火箭还可能造成太空垃圾。因此，随着科技的发展，多级技术的实用性也受到了质疑。然而，多级技术给人类航天所带来的好处绝对是巨大的，以至于现在几乎所有用来运送酬载至轨道的火箭都采用多级技术。

>>>> 运载火箭的箭体结构由哪些部分组成

箭体结构是运载火箭的基体，它把运载火箭各系统组合在一起形成一个完整的整体。在设计运载火箭的箭体结构时，应使箭体具有良好的气动外形，以保证运载火箭的飞行性能；在保证箭体结构有足够的强度和刚度条件下，质量要轻；在满足使用要求和可靠性的情况下，结构应简单；要有足够的空间用来安装运载火箭上所有的仪器、设备，并满足它们正常工作所需的环境条件，如压力、温度和振动等要求。此外，箭体结构还要满足运载火箭在地面操作过程中，便于对箭上的仪器、设备进行检查、测试、维修和更换。

俄罗斯"质子M"运载火箭准备竖立

　　液体运载火箭的箭体主要由推进剂贮箱、仪器舱、推力结构、尾段、尾翼和有效载荷整流罩等组件组成。

美国"猎鹰9"号运载火箭点火升空

　　推进剂贮箱占了箭体很大一部分空间，它用来存贮推进剂。采用双组元推进剂的火箭有两个贮箱，一个装氧化剂，另一个装燃烧剂。如用单组元推进剂，有一个贮箱就够了。目前，大多数运载火箭的推进剂贮箱，不但用来存贮推进剂，而且是箭体承力结构的一部分。推进剂贮箱要求密封，装上推进剂后不允许有泄漏。目前常用的材料为可焊接的铝合金，早期美国的"宇宙神"火箭，曾用不锈钢做贮箱材料。用作推进剂贮箱的材料必须与贮存的推进剂相容。所谓相容，就是两者能和平共处：一方面材料能抗推进剂的腐蚀，另一方面材料对推进剂不起物理化学反应，不使推进剂的化学成分或品质发生变化。贮箱一般为圆筒形，前后有两个箱底，中间为圆柱形的壳段，用焊接方法把两个箱底与壳段焊成一个圆筒形容器。有的运载火箭为缩短整个火箭的长度，把氧化剂箱与燃烧剂箱连成一个整体，中间用一个共用的箱底隔开；有的则采用像救生圈一样的环形贮箱。在两个独立的圆筒形贮箱之间有一个连接段，叫作箱间段。利用箱间段的空间可安装一些仪器或设备，安全自毁系统的爆炸装置常放在这里。

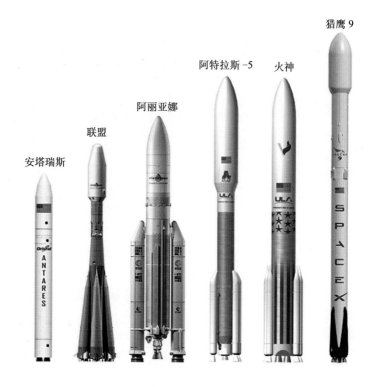

国外重要运载火箭结构对比

仪器舱是集中安装控制系统和其他系统的仪器、设备的舱段。目前运载火箭的仪器舱常安排在箭体靠前端部位，这里离发动机较远，震动小，对仪器设备有利。

推力结构是用来安装发动机并把推力传给箭体的承力组件，常见的推力结构有构架式结构与半硬壳式结构两种形式。构架式推力结构又叫发动机架。

尾段在箭体的最后部位，所以称尾段。它不仅是个发动机舱，而且在整个火箭竖立在发射台上时起支撑作用。有的运载火箭在尾段外面还装有尾翼，有的则没有，尾翼具有稳定火箭飞行的作用。可以根据运载火箭在大气层内飞行时箭体气动稳定状态，在设计控制系统方案时决定要不要装尾翼。

有效载荷整流罩位于运载火箭前端。当运载火箭在大气层内飞行时，它用来保护有效载荷不受气动力和气动加热的影响；当运载火箭飞出大气层后，它就失去了作用，此时，为减轻火箭质量，整流罩即被抛掉。整流罩应有足够的刚度，且质量要轻，因此常采用蜂窝结构。目前，常用的有铝蜂窝结构、玻璃钢蜂窝结构和碳纤维蜂窝结构。

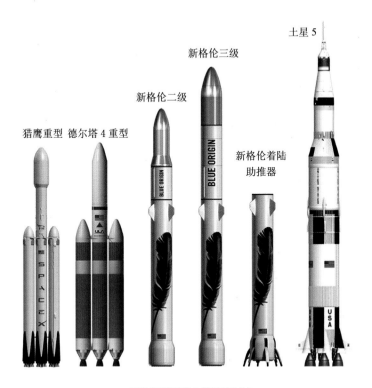

土星 5

新格伦三级

新格伦二级

猎鹰重型 德尔塔 4 重型

新格伦着陆
助推器

国外重要运载火箭结构对比

用于运送载人飞船的运载火箭，在其整流罩的上端装有逃逸救生火箭。当运载火箭在飞行中出现异常情况危及航天员生命时，逃逸火箭立即点火，带着整流罩和整流罩内的载人飞船一起迅速脱离运载火箭，飞向一个安全区。这种整流罩要承受很大的逃逸载荷，因此都采用由高强度铝合金、合金钢和钛合金制成的半硬壳式结构。

对固体运载火箭而言，其箭体结构除了没有推进剂贮箱、箱间段和发动机架外，其他与液体运载火箭的箭体结构基本相同。其中，固体火箭发动机的壳体常构成箭体承力结构的一部分。

在箭体结构的组成中，还包括一些机构，其中最常见的是分离机构。分离机构具有连接与分离双重作用。在运载火箭上要分离的部位有多级火箭的助推器与芯级火箭的分离、上面级与下面级的分离、整流罩与箭体的分离及有效载荷与箭体的分离等。目前，常用的分离机构有爆炸螺栓、爆炸分离螺母、包带机构、火工锁机构和拉杆式锁钩机构等多种形式。

美国"阿特拉斯1"号运载火箭点火升空

小贴士

　　串联式多级火箭在级与级连接的部位还有一个级间段，它是级与级分离的部位。级与级之间分离有两种状态：一种叫热分离，就是上面一级火箭先点火，然后两级之间再分开；另一种叫冷分离，就是两级之间先分开，然后上面一级火箭再点火。采用热分离的火箭，其级间段常采用构架式结构，便于在分离前，上面级发动机的火焰能够顺畅排出。

具备发射载人飞船能力的火箭需要满足哪些条件

目前，世界上已有十余个国家有能力发射人造卫星，但是只有寥寥几个国家能够发射载人飞船。毫无疑问，发射载人飞船在技术上的要求远高于发射卫星。具备发射载人飞船能力的火箭必须满足以下几个条件。

（1）推力要大。早期的载人飞船比较简单，最轻的只有 2～3 吨，而现代载人飞船质量至少有 5～6 吨，要把如此重的飞船送到距离地面 200～500 千米的太空轨道，火箭必须要有足够大的推力才行。

（2）具有应急救生功能。载人飞船发射的最大危险来自火箭上升段，为确保航天员的生命安全，火箭要增设故障检测系统和逃逸救生系统。这是与一般发射卫星的火箭不同的一个显著标志。

俄罗斯"联盟"号运载火箭逃逸救生系统特写

美国"土星 5"号运载火箭点火升空

（3）满足高可靠性、高安全性、高质量要求。发射卫星的火箭可靠性要求大约为 0.9，对安全性无特殊要求，而发射载人飞船的火箭可靠性要求为 0.97，安全性要求为 0.997。这就要求火箭各系统的可靠性都要很高。为此，在设计中采用冗余技术，即关键设备增设备份，使两套系统同时处于工作状态，一旦其中一套出现故障，另一套马上可以接替工作。

为保障航天员的生命安全，在研制载人火箭的过程中，相关人员会采用高试验标准和严格的质量保证措施，对成千上万个电子元器件提高质量等级并逐一进行筛选，对各个系统进行充分的地面试验，对研制全过程进行严格的质量控制，从而保证火箭具有很高的质量。

▶▶▶ 同一种火箭有不同运载能力的原因是什么

一种运载火箭一旦研制完毕，它的尺寸、重量、各级发动机推力就大致确定了下来。但为什么同一种火箭会有不同的运载能力呢？问题不是出自火箭本身，而是由所要发射的不同用途的载荷决定的。换句话说，一种火箭在不同的地理位置、发射不同轨道载荷，它的运载能力都是不同的。

由于地球是一个球体，具有自转特点，发射卫星可以借助地球自转速度。但在不同的纬度借助地球自转的程度不同，纬度越低，借助地球自转的程度越大，也就是说同一火箭在低纬度地区发射的运载能力要大一些，在高纬度地区发射的运载能力要小一些。同样地，顺地球自转方向发射火箭运载能力会大一些，逆地球自转方向发射运载能力会有所降低。

俄罗斯"质子"号火箭点火升空

轨道对火箭的运载能力影响更大。同一火箭发射低地球轨道航天器，运载能力较大；发射高轨道卫星，运载能力较小；发射星际探测器时运载能力会更低。所以，在谈到运载火箭的运载能力时，都要注明发射的载荷是何种轨道，否则容易引起误解。

以俄罗斯"质子"号四级火箭为例，它主要用于发射高轨道卫星和星际探测器，其同步转移轨道运载能力为5500千克；静止轨道运载能力为2200千克；月球轨道运载能力为5700千克；金星轨道运载能力为5300千克；火星轨道运载能力为4600千克。

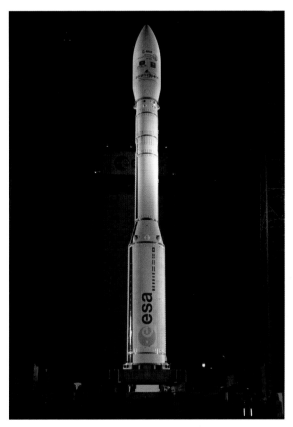

意大利"织女星"运载火箭

运载火箭的发射成本有多高

作为现代制造业的顶尖成果之一，运载火箭的研制难度极大，发射运载火箭更是一项庞大的工程，因此航天发射的成本极高。

一般而言，发射一次运载火箭的成本包括以下几个方面：运载火箭的研制成本（单价）、运载火箭的发射成本、运载火箭的测控成本。组成运载火箭的部件都有很高的技术要求，要经历预研、生产、组装、测试等各个阶段，每一个阶段都需要花费大量的经费。运载火箭的生产数量不可能像汽车一样多达数万辆，生产几十枚上百枚已经相当多了，有的仅生产几枚。无法大批量生产无疑会大幅增加单件的成本。

俄罗斯"质子 M"运载火箭点火升空

小贴士

　　美国研制的用于登月的运载火箭"土星 5"号只生产了 15 枚，一枚火箭的成本高达 1.85 亿美元。美国目前还在使用的"大力神 4"运载火箭单枚成本高达 2 亿多美元。

　　运载火箭的发射成本包括消耗的推进剂成本、发射场的使用成本以及地面各类附属设施的使用成本，当然也包括人力成本。运载火箭的测控成本主要包括遍布在各地的测控台站、测量船、指挥控制中心需要花费的成本。

　　综合上述因素，可以看出发射一次运载火箭的成本是很高的。当然，不同类型、不同运载能力以及不同国家的不同运载火箭的一次发射总成本也大不相同。通常，小型运载火箭发射一次需要 2000 万～3000 万美元；中型运载火箭发射一次需要 6000 万～15000 万美元；大型运载火箭发射一次需要 2 亿美元以上。

印度地球同步卫星运载火箭

由于各国运载火箭研制、发射和人力资源成本不同，因此发射同类火箭的成本也有较大差别，美国运载火箭发射成本远远超过俄罗斯和欧洲航天局，例如，"大力神 4"火箭发射一次的总成本高达 3.5 亿美元。

俄罗斯"联盟"号宇宙飞船及其运载火箭被运往发射场

>>> 被称为"太空摆渡车"的上面级有何作用

上面级（upper stage）是多级火箭的第一级以上的部分，作用介于运载火箭和航天器之间，既有自主轨道机动能力，在轨飞行时间又长，它一般可多次启动点火，满足不同的发射任务需求，可以将一个或多个载荷送入预定轨道，因此被形象地称为"太空巴士"或"太空摆渡车"。

目前，各航天大国的常规运载火箭都具备将有效载荷送入低地球轨道（距离地面高度约 1000 千米以下的轨道）的能力。一般情况下，常规液体运载火箭级数为 2～3 级，固体运载火箭级数为 3～4 级。在此基础上，如果需要将载荷送入更高的轨道或大椭圆轨道，就需要增加运载火箭的级数，或采用先进的末子级二次点火技术。

苏联"军舰鸟"上面级模型

然而，即使运载火箭具备较多的子级或二次点火启动的能力，对于一些特定任务依然是不够的，尤其是在发射多个不同轨道要求载荷的时候。因为常规运载火箭是依靠一次性电源供电的，即使推进剂足够，也不可能在轨道上停留太长时间。此时，常规运载火箭就显得无能为力了。因此，研制能够多次启动，且可以数小时乃至数天在轨停留的先进上面级，就成为适应这类任务需求的最佳选择。

上面级技术具有多个特点：能在太空中多次点火启动，满足不同发射任务的要求；工作时间长于运载火箭，可达数小时、数天乃至数十天；能携带多个载荷，通过飞行轨道的变化将载荷送入预定轨道。

在冷战期间，美苏两国都研制了先进的上面级。其中，美国以 RL-10 氢氧发动机为核心，通过上面级数小时的长时间滑行和发动机的三次点火将卫星送入静止轨道。苏联则以常温的偏二甲肼推进剂发动机为核心，研制出了"军舰鸟"（Fregat）、Block DM 等一系列上面级，用于从高纬度发射场发射高轨道卫星。近年来，欧洲和日本也同样开展了上面级的研制工作。

2013 年，美国和印度分别发射了火星探测器。其中，印度的火星探测器依靠自身动力入轨，在地球轨道加速了 1 个月才摆脱地球引力，整个飞往火星的行程预计将历时 3 年。而美国的火星探测器由于运用了先进的上面级技术，在发射后 1 个小时内即摆脱了地球引力飞向火星，充分显示了上面级技术应用的巨大价值。

上面级分为固体和液体动力两种，固体上面级构造简单，实现比较容易，航天飞机在执行卫星发射任务时也经常使用，其缺点是能够适应的任务范围非常单一。采用液体动力系统的上面级，因为具有多次启动能力，能够适应多个载荷的发射任务。

目前，各国发射地球同步轨道卫星，大多是由运载火箭将卫星发射到大椭圆轨道，然后由卫星在远地点变轨，进入圆形的地球同步轨道。这个过程需要消耗卫星自身重量大约一半的推进剂才能实现。因此，通信卫星虽然尺寸很大，但实际上留给有效载荷的重量和空间并不多。有了上面级，就可以在将卫星送入地球同步转移轨道后，经过十几个小时之后再次点火，将卫星直接送入地球同步轨道。这样，卫星就可以缩小到原来的一半大小。而且，运送完这些卫星，上面级可以自行进入垃圾轨道，不占用宝贵的同步轨道位置资源。

美国"半人马座"上面级

美国惯性上面级（Inertial Upper Stage）

运载火箭主要有哪些发射方式

运载火箭（Rocket Launcher）用于把人造卫星、载人飞船、空间站或行星际探测器等送入预定轨道。目前，运载火箭的发射大致有三种方式：一是从地面固定发射场发射；二是从空中发射；三是从海上平台发射。

展览中的"飞马座"运载火箭

早先，运送航天器的运载火箭都是从地面发射场发射的。这种发射场有的规模很大，设施齐全，可以发射多种型号的运载火箭。但地面发射场受地理位置等种种因素的制约，限制了航天器的发射范围，难以满足各种类型航天器的需求，于是便有人提出了从空中发射和从海上平台发射运载火箭的方案。

1986 年，美国轨道科学公司总工程师伊莱亚斯提出了从空中发射"飞马座"运载火箭的设想。从空中发射是用飞机将运载火箭运送到高空后，再将火箭释放，火箭在空中点火飞向预定轨道。采用这种发射方式，飞机可以在不同地点的机场起飞，飞到地面上空任何地点发射，它将不受地理位置的限制。这样，不仅增加了发射窗口的机会，而且还能扩大轨道倾角的范围，因而具有很大的灵活性。从空中发射，地面辅助设备较少，发射操作简单，易于解决发射时的安全问题。从空中发射，载机相当于运载火箭的基础级，所以能提高运载火箭本身的运载能力，同对等的从地面发射的运载火箭相比，运载能力几乎可以提高一倍。由此可见，从空中发射运载火箭具有很多有利因素，也具有很大的发展潜力。

携带"飞马座"运载火箭的喷气式飞机

美国"飞马座"运载火箭是一种三级固体有翼火箭，全长 15.5 米，起飞时重约 18.9 吨。它既可以将 400 千克左右的小型卫星送入近地轨道，也可以将 270 千克左右的卫星送入 720 千米的极轨道。1990 年 4 月 5 日，美国首次进行了"飞马座"火箭发射试验。当时，美国使用改装的 B-52 轰炸机，将"飞马座"火箭送至 1.3 万米高空；然后将其释放，经 5 秒钟，火箭下降了近 100 米；接着，"飞马座"火箭开始点火，9 分多钟后，它将一颗重 191 千克的卫星送入距离地面 584 千米、倾角为 94 度的极轨道，首次发射试验获得了成功。

与地面发射场相比，从海上平台发射运载火箭同样具有多种优势。首先，可以灵活选择发射地点，当选择在赤道附近海域发射时，能充分借助地球的自转速度，提高运载火箭的运载能力；其次，在海上发射时，周围没有居民点，火箭落区的选择范围较大，从而可使多级火箭的设计更加优化，进一步提高火箭的运载能力；最后，发射地区的安全问题、污染问题也可降到最低限度。

1995 年，俄罗斯、美国、乌克兰、挪威等国的几家公司经过充分的调查研究和可行性论证之后，决定成立一家跨国股份公司，建造一个主要由一座海上石油开采平台改装的海上发射平台和一艘指挥控制船组成的海上发射场。1999 年 10 月 19 日，乌克兰研制的"天顶 3"号运载火箭在海上平台首次进行了商业发射，顺利地将美国一颗重达 3.45 吨的直播电视卫星送入预定轨道。

"天顶 3"号运载火箭及其海上发射平台

"天顶 3"号运载火箭从海上平台发射

▶▶▶ 一箭多星需要克服哪些技术难题

　　一箭多星，即用一枚运载火箭同时或先后将数颗卫星送入地球轨道的技术。一箭多星是一种先进的发射方式，如果在近似同一地球轨道上，需要两颗以上卫星，彼此相隔一定距离，互相配合地进行一种探测，那么一箭多星就是首选的发射方式。

　　一箭多星的成功发射，标志着运载火箭能力的提高，标志着分导式核弹头、发射技术和火箭与卫星分离技术上的新突破。一箭多星技术可以充分利用运载火箭的运载能力余量，经济便捷地将多颗卫星送入地球轨道，尤其是对微小卫星的发展而言更加重要。

　　最早实现一箭多星的国家是美国。1960 年，美国首次用一枚火箭发射了两颗卫星，1961 年又实现了一箭三星。接着，苏联多次用一枚火箭发射多颗卫星。除美国和俄罗斯外，掌握了一箭多星技术的还有欧洲航天局、中国、印度、日本等。

印度空间研究组织进行一箭多星发射

在国际上，一箭多星的发射常用两种方式：第一种是把几颗卫星一次送入一个相同的轨道或几乎相同的轨道上；第二种是分次分批释放卫星，使每一颗卫星分别进入不同的轨道。

也就是说，运载火箭达到某一预定轨道速度时，先释放第一颗卫星，使卫星进入第一条轨道运行，然后火箭继续飞行，达到另一条预定的轨道速度时，又释放第二颗卫星，依此类推，逐个把卫星送入各自的预定运行轨道。

为了实现一箭多星，需要解决许多技术。首先是要提高火箭的运载能力，以便把质量更大的数颗卫星送入轨道。其次是需要掌握稳定可靠的"星-箭分离"技术，做到万无一失。运载火箭在最后的飞行过程中，卫星按预先设计的程序从卫星舱里分离出来，不能相互碰撞，还需选择最佳的飞行路线和确定最佳分离时刻，使多颗卫星在各自的轨道上运行。

另外，还必须考虑火箭运载卫星以后，火箭结构角度和重心分布发生变化，会使火箭在飞行中难以稳定，多颗卫星和火箭在飞行中，所载的电子设备可能会发生无线电干扰等特殊问题。从技术上说，一枚运载火箭发射多种不同轨道的卫星是比较复杂的，且不容易掌握。

俄罗斯"联盟"号运载火箭进行一箭多星发射　　俄罗斯"第聂伯"运载火箭进行一箭多星发射

火箭和航天器的发射窗口如何确定

　　所谓发射窗口，其实就是允许火箭和航天器发射的时间范围，这个范围的大小也叫作发射窗口的宽度。窗口有宽有窄，宽的以小时计，甚至以天计，窄的只有几十秒。因此，对于航天器而言，发射窗口的选择至关重要。

欧洲航天局"阿丽亚娜 5"号运载火箭点火升空

发射窗口的类型

　　航天器的发射窗口一般有三种类型，分别是年计窗口、月计窗口、日计窗口。

　　年计窗口即确定某年中连续允许发射的月份，适用于行际探测任务，如发射哈雷彗星探测器。月计窗口即确定某个月内可以连续发射的天数，适用于行星和月球探测任务，如发射月球探测器、载人火星探测等。日计窗口即确定某天内可以发射的时刻范围，适用于卫星、飞船和空间站等航天器的发射。

选择年计和月计发射窗口，主要是考虑星体与地球的运行规律，目的是节省发射成本；选择日计发射窗口需要考虑的因素就比较多，通常有：航天器与运载火箭对发射环境条件的要求，测量控制系统中各种测控设备对发射时段的要求，技术服务系统（如通信、时间统一等）对最佳和最不利发射时段的制约，运载火箭的飞行航区对气象的要求，航天器入轨后必须最大限度地吸收大阳的热量等。

实施航天器发射时，不能只计算一个发射窗口，可能要同时计算两种或三种发射窗口。无论哪种发射窗口，事先都要选择几个，以供发射指挥员机动决策。对于一般卫星和导弹的发射，只需选择日计发射窗口。对于发射星际探测器（如彗星探测器）、宇宙飞船、太空站和航天飞机等，通常要同时选择年计、月计和日计发射窗口。但航天器最终的发射时间总是由日计发射窗口确定的。

对运载火箭本身来说，没有太严格的发射窗口限制，什么时间发射都可以。不过，在进行运载火箭发射试验时，为了使反射阳光的箭体与背景天空形成较大的反差，跟踪测量和观察效果比较好，一般多选在傍晚或黎明前发射。

美国"猎鹰"重型运载火箭点火升空

发射窗口的要求

（1）地面观察的要求。早期卫星发射多采用光学望远镜进行跟踪观测，因此需要有良好的观测条件。另外，人造卫星绕地球轨道运行，由于观测站不可能遍布全球，各发射国只能利用自己的少量观测站对卫星实施测控，这就要求卫星在经过观测站附近时便于观测。

（2）地面目标光照条件的要求。发射照相侦察卫星、地球资源卫星和中轨道气象卫星时，为了便于卫星上可见光遥感器能很好地遥感地面的图像，卫星运行轨道下方的地面目标必须有良好的光照条件，因此，这类航天器的发射窗口都选在白天。

（3）航天器上太阳

美国"阿特拉斯5"号运载火箭点火升空

能电池光照条件的要求。目前的卫星及载人飞船等航天器大多采用太阳能电池供电。当航天器进入轨道时，需要太阳能电池帆板受到最佳阳光照射，以便立即发电供航天器使用。

（4）航天器上姿态测量设备的要求。航天器进入轨道后，需要利用航天器上的姿态测量设备（如红外地平仪、太阳敏感器等）测量航天器的飞行姿态，以便调姿，并进入稳定的飞行姿态。航天器上的姿态测量设备工作时，需要航天器、地球和太阳处在一个较好的相对位置，这时测量航天器的飞行姿态精度较高。所以这也是选择发射窗口要考虑的一个因素。

（5）航天器返回地面时的要求。返回式卫星、航天飞机、载人飞船返回地面时，需要及时搜索到卫星和航天员，将他们安全地送回目的地，这对发射窗口的选择是一个极为重要的因素。一般都希望在白天返回，同时要求气象条件较好，没有大风等恶劣天气，以便于降落伞打开，因此在选择发射窗口时需要考虑返回时的情况。

（6）空间交会的要求。一些特定用途的卫星和深空探测器专门用于对天体的观测，如空间交会的航天器、彗星探测卫星、太阳观测卫星、火星探测器、木星探测器等需要以最短时间、最高精度与其他航天器或被观测天体会合，这也需要选择合适的发射窗口。另外，静止卫星准确定点，尽可能少地消耗推进剂也需要选择发射窗口。由于太阳、地球和其他星体的相对位置在不断变化，即使发射同一类型、同一轨道的航天器，其发射窗口也是不固定的。

选择发射窗口，是一个复杂系统的综合决策问题。某一次发射总有一些主要的制约条件，它们在发射窗口的确定中起决定性作用。发射窗口是由保证运载火箭发射成功所需技术要求决定的。从理论上讲，为确保发射顺利进行，应确保参与发射的各项设备均处于最佳技术状态。

但由于参与发射的设备很多，实际上是很难做到这一点的，因此，通常先由发射控制系统、地面测控系统、通信与时间统一系统，以及气象保证系统等几个与发射关系最紧密的系统各自根据自己的情况分头确定，然后由发射部门进行综合分析，根据不同发射时段对实现发射目的的影响和程度，排出综合的最佳发射窗口、较好发射窗口和允许发射窗口。最后，由发射的指挥者做出决策。

美国"米诺陶4"号运载火箭点火升空

运载火箭正式发射前需要进行哪些地面试验

　　运载火箭是一种复杂的飞行器。组成运载火箭的分系统很多，设计过程中涉及的学科和技术领域很广，生产过程中应用的原材料、元器件种类繁多，地面操作和飞行过程中经历的环境变化也很大。在运载火箭发射、飞行过程中，某个系统、组件、元器件一旦由于设计不当、质量不好或不适应环境变化而发生故障或失效，就会造成运载火箭发射失败甚至带来灾难。因此，运载火箭研制过程中，在地面必须充分地进行各种各样的试验。通过试验发现设计上的不足，生产中的缺陷，原材料、元器件质量上的隐患，环境变化引起的变异等不可靠因素，以便事先采取措施予以排除，提高运载火箭发射时的成功率。

美国"德尔塔 4"号运载火箭准备发射

　　运载火箭的地面试验按试验的性质和目的来分，可分为研制性试验（如方案性、原理性试验）、鉴定验证性试验、产品质量验收性试验、系统之间协调性试验、可靠性试验、寿命试验和环境适应性试验（如高低温试验、淋雨试验、公路和铁路运输试验、雷击试验）等；按试验对象来分，可分为元器件试验、组件和单机试验、分系统试验、分系统之间综合试验和全系统试验等；按试验手段、试验方式来分，可分为仿真试验、半实物仿真试验和实物试验等。

　　运载火箭的地面试验项目很多，且工作量大，所需试验设施种类多、规模大、费用高。但地面试验是运载火箭研制中不可或缺的一个环节，如果简化或省略，往往会因小失大，给研制工作带来不可弥补的损失。不同类型的运载火箭，其试验内容和目的不完全相同。一般来说，运载火箭的主要试验项目与内容有以下几项。

　　（1）气动性能试验（又称风洞试验）。它是在可行性论证和方案设计阶段，用运载火箭的缩比模型在不同类型、不同风速的风洞中吹风，测量火箭总体或某一部段的气动特性参数，为运载火箭总体方案设计和载荷计算、气动热环境计算、控制系统方案设计和防热结构设计等提供依据。

美国"猎鹰"重型运载火箭准备发射

　　（2）箭体结构试验。它是在方案设计和初样设计阶段，为验证箭体结构设计的合理性与结构分析的正确性，对组成箭体的各个部段、组件的模样件或初样产品进行单独或联合的试验。箭体结构试验包括静强度试验、动特性试验和热试验。静强度试验用来测定和研究箭体在静载荷作用下的应力——应变特性、变形情况和承载能力。动特性试验包括振动、冲击、噪声、液体推进剂在贮箱中的晃动，火箭发动机、推进剂输送系统与箭体结构之间的纵向耦合振动等试验，用来研究和分析箭体结构的基本动力特性和在各种动力环境下结构的耐受能力。热试验用来研究箭体结构在外载荷和热环境联合作用下的结构强度和刚度。

俄罗斯"质子M"运载火箭准备发射

（3）发动机试车。发动机试车是一项工作量很大的地面试验，分模样发动机可行性验证试车、初样发动机性能和结构方案试车、试样发动机鉴定试车和批生产发动机验收试车等。一台性能稳定、工作可靠的发动机是在大量各种类型的地面试车情况下研制出来的。

（4）电子系统综合匹配试验。运载火箭上的各电子系统在箭上同时通电工作的情况下，系统本身的工作是否正常，系统间的工作是否协调、有无相互干扰，需要在地面把各系统放在一起进行联合通电试验。通过地面的综合匹配试验协调各系统的工作程序，排除各系统之间可能产生的干扰，并为最终制定运载火箭的测试和发射程序提供依据。

（5）全箭振动试验（又称火箭动力特性试验）。在初样设计阶段，做全尺寸的振动试验。火箭在振动试验塔中对火箭进行横向和纵向的振动特性试验，测量火箭箭体的振型、固有振动频率和结构阻尼系数等动力特性参数，为箭体结构、动力装置系统、姿态控制系统和载荷计算提供设计依据。

（6）全箭试车（又称全箭全系统热试车）。运载火箭飞行试验前，用与飞行试验火箭状态基本一致的试车火箭在地面全箭试车台上进行火箭全系统工作的热试车，测量在火箭发动机工作的情况下，箭体各部分的动力环境参数；检验箭上其他系统与动力装置系统工作的协调性。全箭试车时，箭上各系统的工作程序与飞行试验时完全一样，并由箭上系统自主进行。

（7）火工装置试验。火工装置是运载火箭上广泛采用的一种装置。这种装置利用火药的能量，通过设计的功能机构，完成运载火箭发射和飞行中所需的一些特定动作与功能，如发动机的点火、动力装置系统阀门的开启或关闭、火箭飞行姿态的控制、多级火箭级与级之间的分离、整流罩的分离、安全系统爆炸装置的引爆和爆炸等。火工装置工作可靠与否，将直接影响运载火箭飞行的成败，因此，在地面必须对火工装置进行极为严格的试验。其试验的内容有性能试验、鉴定试验、环境试验（如高低温试验、湿热试验、振动冲击试验、电磁环境试验等）和可靠性试验等。

美国"阿特拉斯 5"号运载火箭被运往发射场

▶▶▶ 美国和俄罗斯两国的火箭发射塔有何区别

火箭发射塔的主要作用是为发射台上的火箭通过脐带进行燃料加注，以及提供技术人员在发射台上为火箭做最后的检测或送航天员进入飞船内的平台。

美国最典型的火箭发射塔构是一个巨大的塔状结构，提供最基本的接口服务或燃料加注服务。有时也有一个可移动式发射塔，提供人员上塔进行检测等功能。美国之所以采用这样的设计风格，是因为他们不太需要在发射塔上做别的事情，因为当火箭竖起时，其装配已基本完成。

目前，美国更多的是在一个垂直装配大楼里将火箭预先装配成竖起的形式，然后通过专用的运输车垂直运输到发射台上。因此，发射塔只需要提供最基础的服务就可以了，因此设计得十分简单，有时简单得甚至只需要一根杆子就可以发射火箭。

与美国相比，俄罗斯的运载火箭从来不使用垂直装配大楼，火箭一般在普通的厂房里水平装配好，然后用火车拉到发射场进行发射。由于俄罗斯的液压设备技术比较先进，所以俄罗斯在发射火箭时会额外多出一个巨大的液压臂，将发射场的运载火箭垂直竖立在发射台上。如此一来，原本在火箭发射工位上的固定式发射塔就被设计得非常简单。

俄罗斯采用这种发射方式的好处较多，其原因是水平装配火箭的成本比使用垂直装配更低，而且

美国"猎鹰"重型运载火箭及其发射塔

美国"米诺陶5"号运载火箭及其发射塔

节省时间，甚至可以同时在一个厂房里装配两枚运载火箭。此外，这种发射方式还有一个优势：如果火箭在发射时出现事故，它的备份只需要几天的准备时间就可再次进行发射。目前，很多欧洲国家也在借鉴俄罗斯的发射方式。

当然，俄罗斯也有采用混杂设计的火箭发射塔，例如，位于法属圭亚那库鲁航天中心的"联盟2"号火箭，其发射工位就同时提供了俄式风格的发射塔和美式风格的可移动垂直装配大楼。

俄罗斯"联盟 FG"运载火箭及其发射塔

运载火箭发射前需要进行哪些准备工作

运载火箭的发射是一项综合性的系统工程，涉及面较广。在运载火箭正式发射前，需要进行一系列准备工作。

运载火箭首先进入技术准备区的专用厂房。在这里先对火箭的仪器设备进行单元测试，即对仪器设备单独进行测试，检查其性能并测量其精确参数。单元测试合格后进行分系统测试，它是在系统处于工作状态下，对系统内各仪器设备工作的协调性和功能进行检查，并测量其工作参数。接下来各分系统之间进行匹配测试，检查系统之间工作是否协调匹配。最后进行火箭所有系统都参加的总检查，总检查一般要进行多次，以模拟各种飞行状态来验证运载火箭全系统的技术性能和可靠性，并使火箭符合发射状态的要求。总检查之后，开始在运载火箭上安装各种火工品和火工装置，并准备转场。

　　在运载火箭进行技术测试的同时，发射场内的测控系统要进行设备联试。先是进行场内设备联试，然后再与分布在各地的测控站设备联试。与此同时，地面勤务保障部门对发射设备、加注设备进行调试；气象保障部门开通气象情报网和天气会商网，启动气象测量雷达，开始进行天气的长期、中期、短期预报。

欧洲航天局"阿丽亚娜 5"号运载火箭准备发射

　　当运载火箭在技术准备区经检查测试达到可以进行发射的状态后，即可转运到发射区。发射区内有发射台、勤务塔和脐带塔等主要发射设施。运载火箭分级运至发射区后，由勤务塔上的吊装设备对运载火箭分级吊装、对接和总装，并将其竖立在发射台上。随后在竖立状态下对运载火箭再一次进行分系统测试、系统间性能匹配测试、总检查和发射演练等。在发射区测试的内容要比在技术区的测试简化。在检查测试工作结束后，就可向运载火箭加注推进剂，并进行瞄准定位。与此同时，地面勤务保障部门要进行推进剂化验，确定推进剂的加注参数；气象部门要提供临发射前发射场区的天气情况及发射场区上空的高空风场等情况，以及火箭飞行经过地区的气象情况。

　　当一切准备工作基本结束后，发射工作便可进入倒计时阶段。

火箭发射采用倒计时的原因是什么

火箭发射时使用倒计时并非科学家的发明，而是源自科幻电影的创举。1929年，德国电影大师弗里茨·朗（Fritz Lang）在其执导的科幻电影《月里嫦娥》（*Frau im Mond*）中，向观众首次呈现了一枚登月火箭发射升空的全过程。由于影片中火箭发射前运送至发射平台的过程冗长，为吸引观众的注意力，营造"时间紧迫"的戏剧性气氛，电影特别安排了主人公在为火箭点火之前读秒倒计时的情节：随着屏幕上的数字越来越小，其字体越来越大，直至巨大的"JETZT"（现在）出现，火箭腾空而起，直入云霄。

德国电影大师弗里茨·朗

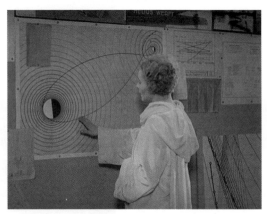

科幻电影《月里嫦娥》剧照

倒计时这一情节设置，此后逐渐成为各类电影制造紧张氛围的有力工具，甚至可与定时炸弹这一传统电影道具相媲美。但真实的火箭发射也使用倒计时，并不是单纯向电影致敬，而是具有实用意义。

火箭发射时使用倒计时，真正的作用在于确认火箭发射的时间零点。如果把从火箭移上发射架到任务完成的整个过程以时间轴为数轴的话，那么发射的时刻就可以作为数轴的零点，或被命名为T0。T0时刻对于轨道计算十分重要，当火箭发射时，T0时刻就会自动传输到所有的测控站。而在火箭发射前的任务规划中，在发射窗口（任务最佳发射时间）内确认T0，并确定发射前（用T－××时间表示）、发射后（用T＋××时间表示）的程序设置，是整个规划的重中之重。

在规划完成后，负责火箭发射的所有部门就从T0倒推各项工序和部件的完结时间，并按各部门各自的完结时间继续前推。随后，火箭发射的各个部门在完成其任务时从数月、数周、数天开始不断归结，到发射前的数小时、1个小时、30分钟、15分钟、5分钟、1分钟……直至指令员宣读 T0 之前的最后 10 个数，将全体工作人员的任务归结以最极端、最为具象的方式表现出来，这才是火箭发射倒计时的最完整体现。

美国"德尔塔 4 号"运载火箭点火升空

　　各国在火箭发射倒计时的具体设置上也是有差别的。例如，中国的火箭倒计时是点火倒计时，也就是以火箭点火时刻为 T0；而美国的火箭则是采用起飞倒计时，也就是以火箭起飞时刻为 T0。

　　造成这种差别的原因是，中国并未采用美国普遍使用的牵制释放装置，火箭起飞与否全凭发动机的推力；而各个发动机的动作也不完全同步，这样使火箭的起飞时间无法人工控制，所以只能倒计时点火，然后测量起飞时间。

　　与之相对的，采用牵制释放装置的美国火箭起飞前被锁在发射台上，在起飞前的几秒点火，牵制释放装置会在火箭达到额定推力时解锁放飞火箭，火箭起飞的时间即为 T0。由于牵制释放装置允许各个发动机在火箭静止状态下工作一小段时间，因此它可以消除不同发动机间推力不同步的影响，从而更精确地控制时间。

美国"德尔塔 2"号运载火箭点火升空

运载火箭发射过程中经常出现哪些故障

运载火箭是一种特殊的飞行器。它由多个分系统的成千上万个零组件、元器件组成；通过多个设计单位、生产单位大协作研制而成；在地面运输、发射操作和飞行过程中要经历复杂的环境变化；火箭上众多的电子设备之间存在相互影响与干扰；目前的运载火箭都是无人直接操纵的飞行器。因此，在运载火箭发射飞行的过程中，由于某个零组件、元器件失效或错误动作而导致发射失败的事故屡见不鲜。

车间中的美国"安塔瑞斯"运载火箭

🔔 **小贴士**

1986年1月28日，美国"挑战者"号航天飞机爆炸，原因是其右侧固体火箭助推器上的装配接头和密封件因天气较冷而失效，使固体推进剂燃烧的高温燃气通过破裂的密封圈泄漏出来，引起装有液氧、液氢的外贮箱爆炸，导致7名航天员全部遇难。

故障原因

据统计，从 1984 年 1 月 1 日到 1994 年 12 月 31 日，世界各国共发射运载火箭1176 次，其中失败 43 次，成功 1133 次，发射成功率约为 96%。几乎所有发射运载火箭的国家都有过失败的教训。在造成发射失败的分系统故障中，动力装置系统占了首位；其次是控制系统；最后是结构系统。造成运载火箭出现故障的原因是多方面的，按其性质可分为以下几个方面。

（1）设计上的原因。由于设计人员认识上的原因、知识面的不足或工作中的失误，造成设计不当或不完善，致使产品在发射和飞行过程中出现故障。

（2）生产过程中带来的缺陷。运载火箭在生产过程中，由于生产质量控制不严，致使产品内部存在缺陷，如暗伤、多余物等，这些缺陷对火箭来说都是致命的问题。有些缺陷在地面多次检查中都很难发现，但火箭一起飞问题就暴露出来了。例如，元器件质量不稳定，环境的影响，火箭发射及飞行过程中要经历各种力学环境、热环境、电磁环境，如雷电、电磁干扰、高空风等，假如设计时考虑不周或地面试验不充分，均可导致发射失败。

（3）操作失误。这种情况在运载火箭发展早期曾有发生，但随着发射操作人员素质的提高及发射控制自动化程度的提高，现在已经不常见了。

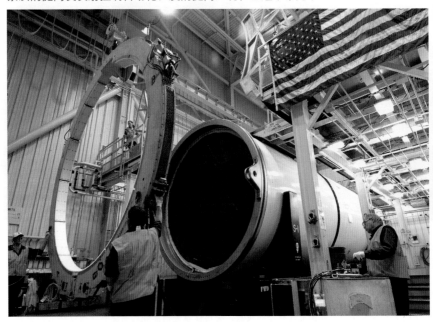

美国国家航空航天局技术人员正在检修火箭发动机

应对措施

针对上述原因，在运载火箭的研制和发射过程中需要采取种种措施，以提高火箭的可靠性，其做法大致有以下几个方面。

（1）精心组织设计。要想提高产品的可靠性，设计是关键。在运载火箭设计之初，应针对某一个型号的特点，制定出相应的可靠性保证大纲和可靠性设计准则。例如，对结构系统而言，从原材料选择到零组件设计，从确定设计安全系数到地面试验，都应有明确的准则；对电子系统设计来说，从选择电子元器件的品种、规格、产地，到进行降额设计、热设计、电磁兼容设计等，都应有详细规定。另外，要根据具体情况对某些系统的仪器、设备或整个系统采取设备冗余或系统冗余，一旦某一设备或某一系统出现故障，则能自动切换到备份的设备或系统上去，以保证运载火箭继续正常飞行。

（2）建立严格的质量保证体系，进行全面的质量控制。运载火箭从设计到生产，再到具体发射操作，要建立起一套完整的质量管理办法。例如，设计评审制度，产品生产质量控制与检验制度，发射操作岗位责任制度等。

（3）充分地进行地面试验。目前的运载火箭还都是一次性使用的产品，不允许对其反复进行使用验证。因此，在地面必须进行大量的模拟试验、环境试验，及早暴露其设计上的不足、原材料元器件的隐患、生产制造中的缺陷，以便在发射之前予以排除。地面试验越充分，发射的成功率就越高。

运输中的俄罗斯"联盟"号运载火箭

随着科技的发展，设计经验的丰富，原材料、元器件质量的提高，质量保证体系的建立，运载火箭的发射成功率正在逐步提高。

运载火箭飞行时地面如何对其进行跟踪和控制

在运载火箭的飞行过程中，地面需要随时对其进行跟踪并测量它的飞行轨道，以便实时了解其飞行状态，初步评价其飞行任务完成情况，及时掌握其飞行是否正常的安全信息。运载火箭的飞行轨道是由每一时刻火箭在以发射点为原点的直角坐标系中的相对位置、速度和加速度来表示的。

跟踪测轨方式

对运载火箭跟踪测轨的基本方式是光学跟踪测量和无线电跟踪测量。光学跟踪测量系统是运载火箭飞行中最基本的跟踪测量系统，它不但能测量运载火箭的飞行轨迹，而且能直接观察到火箭的飞行姿态以及火箭箭体上有没有起火冒烟等外部现象。无线电跟踪测量也就是用雷达来测量，它测量的精度高，作用距离远，但设备较复杂。

（1）光学跟踪测量系统。光学跟踪测量系统是一个具有随动机座（能跟着火箭随动的装置）的大型望远镜。它像眼睛一样随时盯着飞行中的运载火箭，将其形象显示在屏幕上。这时只要测量随动机座的方位角和俯仰角，通过对两个或多个地面站上的望远镜随动机座的方位角与俯仰角进行交会计算，就可计算出运载火箭的轨道参数。

飞行中的俄罗斯"联盟"号运载火箭

美国和意大利联合研制的"侦察兵 B"运载火箭点火升空

常见的可见光跟踪测量设备是电影经纬仪，它是由大地测量光学经纬仪与电影摄影机相结合而成的仪器，其引导设备能自动跟踪飞行中的运载火箭。多个地面站在统一时间控制下对飞行中的火箭同步摄影，一般以 10 ～ 20 次 / 秒拍摄火箭飞行中的形象，并用传感器测量随动机座的方位角与俯仰角，再将数据送入计算机进行处理，就可得到火箭的飞行轨道参数。电影经纬仪设备简单，并能记录飞行中火箭的形象，但因它受光照的限制，所以不能全天候工作。

（2）无线电跟踪测量系统。无线电跟踪测量系统是依据无线电波的传播特性对火箭进行跟踪和测量。以测量无线电波在空间传播时间为基础而计算出距离的系统叫测距系统；以运动目标与固定测量站之间无线电波传播产生多普勒效应为基础而计算出速度的系统称测速系统。

脉冲雷达是常用的测距雷达。它从地面向运载火箭发送脉冲调制的询问信号，装在运载火箭上的应答机接收到询问信号后，经变换载频转发到地面站，通过计算脉冲电磁波往返传输的延迟时间，扣掉应答机反应的延迟时间，就可计算出火箭相对地面站的距离。再根据接收载波中的多普勒频移，就可计算出火箭的径向速度。利用等信号法获取火箭的方位角和俯仰角，经过计算处理、坐标转换，即可得到运载火箭的轨道参数。

在多普勒测速雷达中，地面站发射固定频率的等幅电磁波，箭上应答机接收到信号后，再变换载频转发到地面站。地面站接收到信号后，对比发射频率与接收频率，再除去转发器变换频率的影响，两者频率之差便是多普勒频移。利用多普勒频移可计算出运载火箭的径向速度。

装在运载火箭上的应答机与地面测控站一起对火箭进行跟踪测量。它接收地面站发射的测量询问信号，经变换载频后再转发回地面站。有了应答机，可以提高测量信号的信号噪声比，扩大测量雷达的作用距离，提高测量精度。

（3）激光和红外光跟踪测量系统。除了光学跟踪测量和无线电跟踪测量外，激光和红外光跟踪测量技术也常用于运载火箭的跟踪测轨。其传播特性与无线电波相同，跟踪测量的原理、设备组成也与无线电雷达相近，因此称为激光雷达和红外雷达。

雷达辐射的电磁波只能沿直线传播，而运载火箭的航程很长，由于地球曲率的影响，所以仅仅由一个地面站不可能完成对运载火箭飞行的全部跟踪测量任务，需要多个地面站协作，才能完成对运载火箭的跟踪测量。

遥控炸毁火箭

对一次性使用的运载火箭来说，地面对运载火箭的遥控仅仅是飞行安全控制。当运载火箭在飞行中一旦出现故障而不能正常飞行时，为了避免发生故障的火箭在坠落地面过程中，给地面的生命和财产带来严重灾难，需要选择一个合适时机，将火箭在空中炸毁。判定运载火箭是不是出现了故障，选择什么时机遥控炸毁火箭是一个十分重要而又相当复杂的问题。事先要通过计算确定一个火箭飞行的安全管道，安全管道就是火箭实际飞行的轨道参数偏离设计轨道值允许偏差的范围。

判定火箭飞行是不是正常的安全信息，一方面来自跟踪测轨参数，另一方面来自火箭的遥测参数。将这些信息输入计算机，由计算机根据安全管道、安全判据，进行实时安全判断。在运载火箭偏离安全管道时，向安全指挥员预警。安全指挥员在计算机辅助下，相机决断，按下安全控制主控台上的炸毁按钮，通过无线电遥控信道，向运载火箭发送炸毁指令。箭上安全系统中的无线电安全控制接收机在收到指令后，经过解码辨识，接通箭上的引爆器；引爆爆炸装置，将运载火箭在空中炸毁。

当运载火箭运送载人飞船时，箭上安全控制接收机在收到炸毁指令后，先启动逃逸火箭，让飞船脱离火箭后，再将火箭炸毁。

美国研制可重复使用的"猎鹰 9"号火箭有何意义

"猎鹰 9"号（Falcon 9）火箭是美国 SpaceX 公司研制的可回收式中型运载火箭系列，以其拥有 9 个发动机的第一级火箭而得名。该系列火箭于 2010 年 6 月 4 日完成首次发射，并于 2015 年 12 月 21 日完成首次回收。

"猎鹰 9"号火箭的诞生

在航天工业界，降低运输成本是整个航天领域面临的主要挑战之一，而其重要措施便是实现运载器的可重复使用。1981年 4 月 2 日，美国"哥伦比亚"号航天飞机首飞成功，实现了天地往返运输系统的部分重复使用，这是重复使用运载器发展史上的一个重要里程碑。受美国航天飞机成功的鼓

制造中的"猎鹰 9"号火箭

舞，20世纪80年代以来，世界各国掀起了重复使用运载器的研究热潮。

可重复使用运载器分为升力体式可重复使用运载器和可重复使用运载火箭两种。与前者不同的是，可重复使用运载火箭是基于传统的一次使用运载火箭构型而开展重复使用设计，其回收方式可分为伞降回收、垂直返回与飞回式三种。

升力体式回收方式技术先进性最高，但技术难度大，对运载器总体布局影响最大。伞降回收对于运载火箭总体布局有一定影响，垂直返回影响最小。值得一提的是，垂直返回不采用降落伞减速，而采用反推发动机减速，其典型的代表是"猎鹰9"号火箭。

"猎鹰9"号火箭在夜间发射

早在2005年，世界第一枚部分可重复使用运载火箭"猎鹰1"号就通过降落伞回收技术，实现了可重复使用，但其上面级为一次性的。而"猎鹰9"号火箭的问世，使得美国完全可重复使用技术的研制又向前迈进了一大步。

2015年12月21日，"猎鹰9"号火箭进行第20次发射，在发送11颗卫星后，第一级火箭在卡纳维拉尔角空军基地第一着陆场成功着陆，陆上回收试验成功。

2016 年 4 月 8 日，"猎鹰 9"号火箭进行第 22 次发射，在完成为国际空间站进行充气式太空舱试验及货物运输补给的任务后，第一级火箭进行第 5 次海上着陆尝试，第一级火箭在大西洋上的驳船上成功降落，海上回收试验成功。

2017 年 3 月 30 日，执行 CRS-8 任务的这枚"猎鹰 9"号火箭第一级再次发射，首次实现一级火箭的重复利用，并又一次成功回收。同时还首次尝试回收了火箭的整流罩。

目前，世界各国基本上采用一次性使用的运载火箭，存在发射费用过高、地面发射准备时间长、安全可靠性相对较低等缺点，严重制约了空间商业化以及空间科学研究和军事应用的发展。"猎鹰 9"号火箭的出现有望打破这种局面。

与一次性使用的运载火箭相比，可重复使用的火箭拥有一定的优势。首先，可回收火箭能够从根本上解决残骸坠落问题。火箭残骸落地是各国进行航天发射时都要面临的问题，对火箭残骸落点进行更为精确的控制，一直是科研人员不断努力的方向。其次，一旦技术成熟，可重复使用的运载火箭将大幅降低发射成本。随着空间运输需求不断扩大，商业航天的比重也将逐步增大，高可靠性与低成本的航天发射矛盾日益突出。

"猎鹰 9"号火箭准备发射

"猎鹰9"号火箭的不足

虽然在可重复使用方面取得了突破性进展，但目前像"猎鹰9"号这样可重复使用的火箭也有明显的不足。

在研制技术方面，其难点在于发动机大范围变推力调节、返回过程控制系统、贮箱推进剂管理系统和着陆支撑系统。由于有"阿波罗"登月舱等技术作为基础，使得一子级的垂直返回回收技术难度相对较小，而主要困难在于二子级返回时将面临严酷的气动热环境。

在运载能力方面，相较于伞降回收方式，垂直返回方式使火箭的运载能力有较大幅度下降。采用垂直返回的一、二子级运载能力损失率分别高达52%和59%。

在降低成本方面，"猎鹰9"号火箭采用全液氧煤油发动机，能在保证发动机推力的前提下有效降低成本。由此减少了专门研制先进氢氧发动机的高昂费用。但研究表明，"猎鹰9"号火箭只有在重复使用20次以上时，其发射成本才会低于一次性使用的发射成本。

"猎鹰9"号火箭发射瞬间

发射静止轨道卫星一般需要哪些步骤

地球静止轨道距地面约有 35800 千米，倾角为 0 度，运行周期与地球自转周期相同。静止轨道卫星一般用三级运载火箭发射并由装在卫星上的远地点发动机完成轨道变换过程。整个发射过程的设计需要考虑能量的最佳利用和变轨过程的控制问题。

在卫星定点以前的发射过程通常分为 3 个阶段。

（1）用一、二级运载火箭（或航天飞机）将三级火箭和卫星的组合体送入距地面 200 ～ 400 千米的近地轨道，即"停泊轨道"。

（2）卫星在停泊轨道上经过测试后，在飞经赤道上空时第三级火箭点火，使卫星沿飞行方向加速，进入大椭圆轨道（称"过渡轨道"）并与三级火箭脱离。这个轨道的近地点高度与入轨点相同，远地点高度为 35800 千米，而且都位于赤道上空。

欧洲阿斯特里姆公司正在研制的 GO-3S 地球静止轨道光学侦察卫星

（3）卫星运行到过渡轨道远地点时，航天测控站发出遥控指令使卫星远地点发动机点火，向卫星施加具有特定方向和大小的推力，改变卫星飞行的方向和速度，借以达到两个目的：一是使卫星运行的轨道平面转到赤道平面内；二是使卫星的合成速度接近于静止轨道速度（3.07 千米 / 秒）。

发射阶段完成后，卫星还要实施定点。卫星定点必须满足四个条件：卫星轨道周期恰好与地球自转周期相同；卫星轨道为圆轨道；卫星轨道倾角为 0 度；卫星定点位置要符合预先分配的位置。

静止卫星的定点捕获就是通过一系列的轨道微调，使卫星恰好在预定地理经度的赤道上空停止漂移。这时利用卫星上携带的小发动机逐步修正卫星轨道，使其逼近静止轨道，令卫星停止漂移，这一轨道微调过程被称为轨道控制，一般是在轨道的拱点（近地点或远地点）进行。这种细致的调整需要几天或更长的时间才能完成。

轨道控制过程由航天测控站按计划遥控进行：调整卫星姿态和转速使其符合控制要求；精确地测定轨道以确定调整量的大小；最后在卫星到达定点位置之前，再做一次小的轨道调整，使其停止漂移准确定点。静止卫星定点后还需要进行姿态调整和不断的保持位置。

值得一提的是，地球静止轨道只有一条，在这一条轨道上不可能放置太多的卫星，否则它们之间会产生无线电干扰，导致轨道资源十分紧张。世界上越来越多的国家为建立自己独立的卫星通信系统，竞相向地球静止轨道发射自己的通信卫星。由于卫星数量不断增加，致使有限的地球静止轨道上挤满了通信卫星，特别是在欧洲、印度洋和美洲的 3 个静止轨道弧段内，轨道不足的矛盾日益尖锐。按照以往的卫星技术，两颗静止卫星间隔在 1 度以上，信号干扰强度才不致影响通信质量。但随着卫星技术的提高，特别是抗干扰能力的增强，两颗相邻卫星的间隔可以缩短，但也不能无限靠近。因此，静止轨道所能容纳的通信卫星数量仍然是有限的。

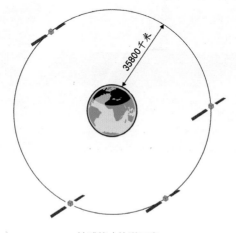

地球静止轨道示意

航天飞机频繁推迟发射的原因是什么

　　航天飞机体形巨大，在进入地球大气层时可以经受超高温度，让人感觉它非常坚固。但从某些方面来看，航天飞机也是非常脆弱的。美国国家航空航天局（NASA）将其描述为"迄今为止建造的最复杂的机器"。航天飞机有许多复杂的电路和移动部件，而它们都有可能出现故障。过去，小小的故障曾酿成巨大的灾难，如1986年"挑战者"号和2003年"哥伦比亚"号航天飞机的失事事件。

　　航天飞机推迟发射主要是因为它的复杂性和相对脆弱性。在发觉现有或潜在问题时，NASA会推迟或取消发射。推迟发射可以消除威胁，或使工作人员有时间诊断和解决问题。

美国"发现"号航天飞机准备发射

　　天气是常见的推迟发射的原因。发射之前，NASA运用气象气球、多普勒雷达、天气雷达和其他设备来密切监控发射台周围的天气情况。可能导致发射推迟的天气条件包括以下内容。

　　（1）降水。无论出现什么形式的降水，航天飞机都不能发射。

　　（2）云。当穿过或者接近积云时，航天飞机可能引发危险的闪电。如果有云，工作人员会评估并分析它们以确定其是否会威胁到航天飞机或乘员的安全。

（3）风。航天飞机不能在超过 19 节（35 千米 / 时）的东北风或者超过 34 节（63 千米 / 时）的其他方向的风中发射。

（4）绝对升限。美国空军第 45 太空联队的成员必须在航天飞机发射过程中与之保持目光接触。如果绝对升限低于 1800 米则无法做到这一点。

（5）温度。对于航天飞机发射来说，高温通常不是问题。但温度过低时可能出现结冰现象，这是很危险的。

美国"亚特兰蒂斯"号航天飞机由火箭携带发射升空

机械故障是发射推迟的另一个主要原因。发射之前，工作人员和传感器会监控航天飞机的关键功能。如果有人发现异常，倒计时立即停止，以便工作人员发现和解决问题。航天飞机有效载荷中的机械故障也可能使发射推迟。例如，如果航天飞机的太空行动包括部署人造卫星，那么当人造卫星的传感器发生故障时，发射也会延迟。

通常，当天气晴朗或维修人员解决技术问题时，航天飞机仍留在发射台上。但有时必须将航天飞机移回航天器装配大楼，这称为回滚。从 1983 年 10 月到 2006 年 8 月，美国航天飞机共发生 17 次回滚，其中 6 次是由于天气原因，而其他则是由于技术问题或机械故障，还有一次回滚是因为一群啄木鸟在外部燃料箱的绝缘材料上啄出了洞。

一些发射仅推迟了几分钟，但即使是非常短的推迟也可能导致航天飞机错过发射窗口。如果航天飞机的太空行动要求它到达特定目的地，则发射窗口可能非常短，从几分钟到 2 个小时不等。发射窗口也可能因为 NASA 与其他太空机构签署的协议而取消。

美国"挑战者"号航天飞机准备发射

依靠火箭高速飞行的美国"亚特兰蒂斯"号航天飞机

非传统航天发射方式有无前景

众所周知，自人类进入航天时代以后，火箭成了当之无愧的发射主力，其巨大的应用价值获得了世界的认可，各国对各类运载火箭的研发都不遗余力。但传统火箭发射的长时间准备过程以及巨大的耗资也一直为人所诟病，所以现在"低成本快速入轨"可谓太空产业的潮流之一。这使得各方在对传统火箭发射方式进行改良的同时，也让一些非传统航天发射方式看到了机会。

在非传统航天发射方式中，颇具代表性的就是火炮发射。其实通过火炮进行太空旅行的想法早已有之，但后来证明人体无法承受火炮发射瞬间巨大的加速度，所以能逐渐加速的火箭才大行其道。不过后来"炮射入轨"再次被提起。20世纪60年代，加拿大火炮设计师杰拉德·布尔在加勒比海的巴巴多斯岛建造了一门火炮，以试验能否用其发射卫星。这门火炮由美国海军的两门406毫米战列舰主炮头尾对焊制造而成，长达36米，而且为了增加射程还设计了专用的火箭助推增程弹丸。在实验中，火炮成功将一颗90千克重的炮弹发射到180千米高的太空，这项世界纪录至今没有被打破。虽然该项目没有后续，但火炮发射入轨的理论被验证是可行的。

巴巴多斯岛上废弃的超级火炮

随着技术的发展，用电磁炮实施入轨发射的理论开始流行。电磁炮是利用电磁力发射高速弹丸的武器，可分为电磁轨道炮和电磁线圈炮两种。由于电磁发射成本低、操控安全、适应性强、能量释放易于控制、可重复快速发射等优点，所以为快速、低成本地向太空投送小卫星和物资提供了可行之路。

在非传统航天发射方式中，还有一种"离心发射"——就是采用类似于离心机的装置将被发射的物体加速后"扔"出去，如同链球一般。例如，美国自旋发射公司正在研发一种新型航天发射系统，它采用了"旋转发射"的理念，能以数倍音速的速度旋转抛射物，然后将其抛入高层的大气中。

综上所述，非传统发射技术可用作运载火箭的第一级，既能发射卫星，还可以用来发射洲际弹道导弹等武器。相比火箭发射，非传统航天发射方式具有成本低、装备时间短、可重复快速发射等优点，在"低成本快速入轨"逐渐成为潮流的今天，必然有广阔的发展前景。

美国自旋发射公司建造的动能航天发射系统

Part 04
运 行 篇

按航天器探索、开发和利用的对象划分，航天包括环绕地球的运行、飞往月球的航行、飞往行星及其卫星的航行、星际航行（行星际航行、恒星际航行）。经过数十年的发展，航天的作用已经远远超出科学技术领域，对国家和国际的政治、经济、军事与社会生活都产生了广泛而深远的影响。

多级火箭的级间分离方法有哪些

级间分离技术是将联结成一个整体的多级火箭按预定程序进行分离的技术。目前，世界各国的运载火箭，多数是二级或三级，少数为四级。多级火箭的每一级，实际上都是能够独立工作的单级火箭。它们有各自的发动机（一台或数台）、控制系统的部分仪器（可分离掉的）、推进剂系统、控制稳定飞行的执行机构等。火箭的最下面一级称为第一级，依次向上，分别称为第二级和第三级等。

为了联结和分离的方便，有些火箭还有级间段。各级的联结一般采用爆炸螺栓、爆炸索、定位销等联结件。在火箭飞行过程中，各级按程序指令启动、关闭发动机，然后依次把它们抛掉，从而降低用于继续加速所需的能量消耗。

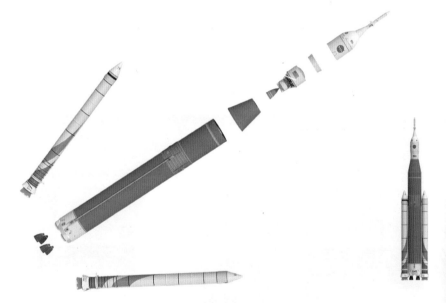

美国太空发射系统（SLS）火箭分离示意

多级火箭的分离既不能过早，也不能过迟，更不允许该分离而不分离。这就要求它的分离要及时、准确、可靠、安全。常见的分离有热分离和冷分离两种分离。

热分离的基本程序是：启动第二级发动机，关闭第一级发动机，起爆炸断联结件。显然，这种分离主要靠第二级火箭发动机的燃气流使第一级断开结合部之后减速，同时又使第二级在启动之前受到轴向过载作用而保证启动的可靠性，因而十分简便。不过，在分离时第二级无疑要受到较大的扰动，并且要多消耗一些推进剂。

　　冷分离又称减速分离。它的分离指令程序一般是：级间联结件爆破断开，启动第一级的制动火箭或其他制动装置，启动第二级的火箭发动机。在此种情况下，级间分离机构的组件少，也较轻，工作过程中不会受到很大的轴向、侧向、振动等作用力的影响，显得分离平稳。但是，这种分离方式对于控制系统的精度要求较高。

　　当级间的联结件解锁时，第二级发动机点火产生加速，第一级发动机因受制动力作用而减速，于是，在这两级之间就形成了一个"安全距离"。

　　第一级的制动力，可以用安装制动火箭或反射喷管等装置来产生。它们适时投入工作后，可避免第一级受发动机后效推力作用追上第二级所引起的碰撞，以保证分离之后第二级飞行的稳定性。

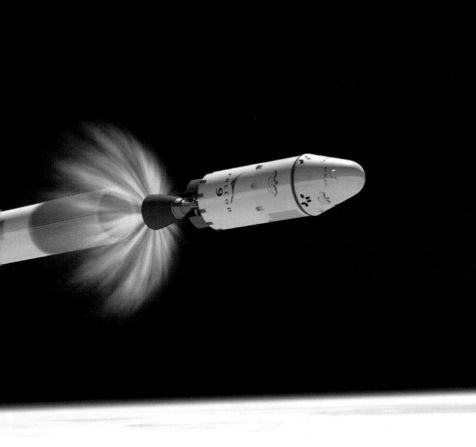

美国"猎鹰9"号火箭分离示意

在外太空执行任务的航天器通过什么技术手段导航定位

航天器导航就是给出受控航天器的位置矢量和速度矢量以确定航天器轨道的方法和过程。它主要完成的工作有：确定航天器在轨道上的位置和速度；计算未来的航天器轨道和着陆点，以及所需机动的初始条件。

按照导航数据的获得是否依赖地面设备的支持，航天器导航基本可分为非自主导航、自主导航两大类。常见的非自主导航有利用地面站对航天器进行跟踪测量并完成轨道确定和利用跟踪与数据中继卫星进行测轨两种方法。自主导航是不依赖于地球上或其他天体上的人造设施的轨道确定方法，有天文导航和惯性导航等。

非自主导航

非自主导航由地面站设备，如雷达，对航天器进行跟踪测轨，并且在地面上进行数据处理，最后获得轨道位置信息。相反，若航天器的位置和速度等运动参数用星上测轨仪器（或称导航仪器）来确定，而该仪器的工作不依赖位于地球或其他天体的导航和通信设备，那么轨道确定（空间导航）则是自主的。

美国"亚特兰蒂斯"号航天飞机的座舱

过去，绝大部分航天器采用非自主导航。由于这种方法存在很大局限性，它要依赖地面站，而一个地面站跟踪卫星的时间是非常有限的。如果要连续跟踪卫星，则需要相当数量的地面站。例如，要求地面站 100% 时间覆

美国航天员查尔斯·博尔登在"发现"号航天飞机座舱中

盖航天器，当轨道高度为 270 千米时，需要 56 个地面站；当轨道高度为 800 千米时，需要 20 个地面站，而且这些地面站都要求理想分布，其中大多数地面站必须设立在国外或海上。由此可见，用增加地面站数量的办法来跟踪低轨道航天器 100% 的轨道时间是不经济的，甚至是不现实的。但若不能连续跟踪航天器，则测轨只能利用一段轨道数据处理技术，当设站不够多时，测轨精度会很低。

飞行中的俄罗斯"联盟"号宇宙飞船

自主导航

自主导航分为两种方式：被动和主动。被动方式意味着与航天器以外的卫星或地面站没有任何合作，如空间六分仪；而主动方式意味着与航天器以外的地面站或卫星（例如，数据中继卫星）有配合，如全球定位系统。另外还存在一个问题需要考虑，即航天器自主轨道确定与姿态确定是相互关联或者互相独立的，一般来说由于轨道比姿态变化缓慢的原因，希望轨道确定和姿态确定互相分开，特别在精度要求很高的场合。但是有许多敏感器，如空间六分仪、陆标跟踪器、惯性测量部件、太阳和星敏感器等，既可以作轨道确定系统的敏感器，也可以作姿态确定系统的敏感器。根据这些敏感器所得到的信息，设计相应软件，经过计算机进行数据处理和计算，就可以得到有关轨道和姿态的数据。在这种情况下，姿态和轨道确定是相关联的。

航天器自主导航系统根据其工作原理可分为以下几类。

（1）测量基于天体视线的角度来确定航天器的位置。这基本上属于天文导航方法。在这种导航系统中，航天器首先测定它对地球表面的当地垂线，然后以此为基准分别测量 3 个彼此独立的已知星体的角度。根据这些测量数据就可推算出航天器的位置和姿态信息。

天文导航系统是以天空的星体作为导航台、以星光作为导航信号的测角定位系统。星体离航天器很遥远，这时很小的测角误差就会产生很大的定位误差。为了精确定位，除了要求高精度测角外，还要有高精度的方向基准，而且设备的价格昂贵，系统的工作受气象条件限制。但是，由于星体离地面很远，系统工作区域广，可对在外层空间活动的航天器进行导航，而且当航天器在大气层之上时，导航就不再受气象条件限制。

在轨运行的国际空间站

（2）测量地面目标基准来确定航天器的位置和姿态。这种系统要依靠地面控制点或陆标，而这些地面目标从空间是可以被识别出来的，地面控制点有很多形式，例如，精确的光源、发射机、特征或地面上特定的地区。虽然不同的系统探测地面控制点的形式各不相同，但从被测量的参数总是可以得到航天器完整的位置和姿态信息。

（3）对已知信标测距。这类自主导航系统要依靠已知信标来测量航天器到 3 个或更多已知点的距离，然后用三角法解出所求航天器的位置。通过获取由已知信标发射的某种形式的导航信号来确定距离，这种导航信号中包括有关发射机的位置和信号开始发送的时间信息。然后接收机根据已知信号接收时间解出信号传播时间，若信号传播速度不变，则可以估算出距离。全球定位系统（GPS）导航就属于这一类。

（4）惯性导航方法。它主要由惯性测量装置、计算机和稳定平台组成。通过陀螺和加速度计测量航天器相对于惯性空间的角速度和线加速度，并由计算机推算出航天器的位置、速度和姿态等信息。因此，惯性导航系统也是航天器的自备式航位推算系统。

惯性导航系统具有抗干扰、抗辐射性（如电磁波和光波）强，不受外界影响，导航精度较高，自主性很强，适用范围广的特点。但是它有积累误差，由于陀螺总存在漂移，导航精度会随着系统工作时间的增加而降低，因而此种方法难以满足长寿命航天器的导航任务。另外，当航天器在自由飞行时，惯性导航对加速度计灵敏度要求很高，还要求准确的重力场数据。因此，惯性导航适用于航天器主动段。

▶▶▶ 航天器在太空轨道上如何实现交会对接

交会对接技术是指两个航天器（宇宙飞船、航天飞机等）在太空轨道上会合，并在结构上连成一个整体的技术。太空交会对接是实现空间站、航天飞机、太空平台和空间运输系统的太空装配、回收、补给、维修、航天员交换及营救等在轨道上服务的先决条件。

一般来说，交会对接过程分为 4 个阶段：地面导引、自动寻的、最后接近和停靠、对接合拢。在地面导引阶段，追踪航天器在地面控制中心的操纵下，经过若干次变轨机动，进入追踪航天器上的敏感器能捕获目标航天器的范围（一般为 15 ～ 100 千米）。

美国"亚特兰蒂斯"号航天飞机与国际空间站对接

在自动寻的阶段，追踪航天器根据自身的微波和激光敏感器测得的与目标航天器的相对运动参数，自动引导到目标航天器附近的初始瞄准点（距目标航天器0.5～1千米），然后开始最后接近和停靠。

追踪航天器首先要捕获目标的对接轴，当对接轴线不沿轨道飞行方向时，要求追踪航天器在轨道平面外进行绕飞机动，以进入对接走廊，此时两个航天器之间的距离约为100米，相对速度为1～3米/秒。追踪航天器利用由摄像敏感器和接近敏感器组成的测量系统精确测量两个航天器的距离、相对速度和姿态，同时启动小发动机进行机动，使之沿对接走廊向目标最后逼近。在对接合拢前关闭发动机，以0.15～0.18米/秒的停靠速度与目标相撞，最后利用栓一锥或异体同构周边对接装置的抓手、缓冲器、传力机构和锁紧机构使两个航天器在结构上实现硬连接，完成信息传输总线、电源线和

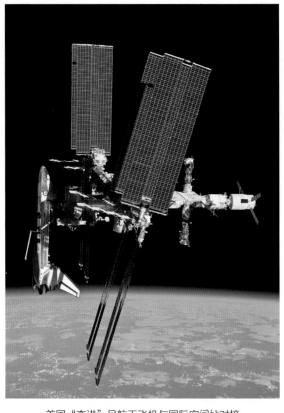

美国"奋进"号航天飞机与国际空间站对接

俄罗斯"联盟"号宇宙飞船与"和平"号空间站对接

流体管线的连接。

　　航天器太空交会对接技术的实施必须由高级控制系统来完成，根据航天员及地面站的参与程度可将控制方式划分为遥控操作、手动操作、自动控制和自主控制 4 种类型。

　　（1）遥控操作。追踪航天器的控制不依靠航天员，全部由地面站通过遥测和遥控来实现，此时要求全球设站或者有中继卫星协助。

　　（2）手动操作。在地面测控站的指导下，航天员在轨道上对追踪航天器的姿态和轨道进行观察和判断，然后手动操作。这是比较成熟的方法。

　　（3）自动控制。不依靠航天员，由船载设备和地面站相结合实现交会对接。该控制方法亦要求全球设站或有中继卫星协助。

　　（4）自主控制。不依靠航天员与地面站，完全由船上设备自主实现交会对接。

　　从本质上说，上述分类可归结为人工控制方式和自动控制方式。迄今为止，美国较多地应用人工控制方式，而俄罗斯则主要采用自动控制方式。

🔔 小贴士

　　1965 年 12 月 15 日，美国"双子星座"6 号和 7 号飞船在航天员的参与下，实现了世界上第一次有人太空交会对接。

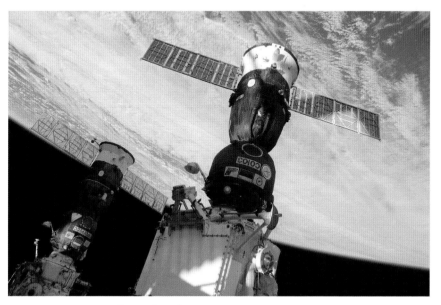

俄罗斯"联盟"号宇宙飞船与国际空间站对接

▶▶▶ 返回式卫星返回地面需要克服哪些技术难题

　　返回式卫星是指在轨道上完成任务后，有部分结构会返回地面的人造卫星。返回式卫星在整个卫星家族中占有很大的比重，用途也很广泛，它能作为观测地球的空间平台，装载各种精密的遥感仪器设备，可获取大量图像清晰、分辨率高的遥感资料，广泛地应用到科研和工农业生产的各个领域：国土普查、石油勘探、地图测绘、海洋海岸测绘、地质矿产调查、铁路选线、电站选址、地震预测、草原与林区普查以及历史文物考古等；在国防上也可用于军事侦察。这类卫星还可作为空间微重力试验平台，搭载多种微重力试验装置，能进行材料和生物等科学领域的各种试验。

展览中的美国 **KH-7** 照相侦察卫星（返回式）

　　研制返回式卫星，除了要解决一般卫星的结构、温度控制、姿态控制、电源和无线电测控等技术外，还必须解决卫星的返回技术，才能使其从太空轨道上安全返回地面。这也是返回式卫星的独特之处和困难所在。具体来说，返回式卫星要想顺利从太空返回地面，需要解决卫星的调姿、制动、防热、软着陆、标位及寻找等技术难题。

首先，卫星返回之前先要调整飞行状态，即脱离原来的运行轨道。卫星脱离原有轨道的速度叫作再入速度。再入速度与地平线所形成的俯角称为再入角。卫星重返大地对再入角的要求十分严格，一般须在 3 ～ 5 度。如果再入角太大，卫星将陡直地进入大气层，会产生较大的空气阻力和摩擦加热；如果再入角太小，则卫星将仍在原轨道上运行，再入速度与再入角都靠一枚小型助推火箭来控制。火箭的点火时间、推力方向、推力大小与时间长短都会影响到再入速度和再入角的准确度。这就要求有灵敏而可靠的火箭制动（反推）发动机。

组装中的美国 KH-9 照相侦察卫星（返回式）

其次，卫星在降落过程中，气与大气层摩擦生热。尤其是当卫星降到离地面 60 ～ 70 千米时，与大气层摩擦产生大量的热能，使其表面发生燃烧。为此，必须采用适当的防热设施，来保证回收舱在再入大气层时内部能够维持正常温度。这就需要有特殊的耐高温材料。

再次，卫星返回地面需要很长的运行区间，必须不间断地对卫星进行精确测量和全程跟踪，并根据实测轨道参数对卫星的程序控制数据进行必要的控制和管理，为此就要建立更大范围、更多功能的地面测控网。

最后，卫星降落到离地面 10 ～ 20 千米时，尽管速度已经大大减小，但仍然有 200 米 / 秒左右。如果以这样的速度撞击地面，卫星必然粉身碎骨。因此，必须使用减速伞来再次降低速度。通常要先打开一顶较小的副伞，进行初步减速；当卫星降落到离地面只有 5 千米的高度时，再打开主伞，使卫星速度小于 10 米 / 秒。降落伞的打开必须非常准时，否则卫星就无法安全着陆。

除此之外，卫星降落后，还必须能够准确标示出自己的位置，便于地面人员寻找。标位方法一般有两种：一是在卫星上安装信标机，在离地面 20～30 千米时发出无线电信号，地面接收到信号后测定卫星的方位和距离；二是在卫星上安装灯光信标，在着陆时发出强烈的闪光，以引起搜索人员的注意。当地面人员利用这些标位信号发现卫星后，即根据卫星所处的位置，分别采取陆上、海上和空中回收等方式将卫星回收。

▶▶▶▶ 美国如何利用空中挂取方式回收从太空返回的人造物体

世界各国以空中挂取方式回收从宇宙返回的人造物体有着悠久的历史，1960 年 8 月 19 日美国一架经过改装的 C-119 运输机在夏威夷附近空域挂住了代号"探索14"的返回胶囊，正式开启了空中回收的历史。而这个神秘胶囊的载荷，正是堪称间谍卫星鼻祖的"科罗纳"间谍卫星的胶卷，此次任务也是人类有史以来第一次用卫星进行地面拍摄。由于 20 世纪五六十年代摄影技术的限制，早期的间谍卫星以胶卷储存相片，并需要把胶卷以物理形式送回地面供情报人员分析。鉴于胶卷中涉及大量秘密情报，坠落地面或海面容易被一般民众发现且撞击会对胶卷造成损伤，刻意封锁又容易暴露间谍卫星的存在。美国中央情报局和美国空军最终决定采用空中回收的方式，以保证胶片尽可能完好无损的同时，悄无声息地取回。

美国 C-119 运输机回收"探索 14"返回胶囊

按照计划，一架 10 人机组的运输机会提前飞往胶囊预定返回空域，两名遥感操作员会提前计算返回轨道并告知飞行员，随后在大约 50000 英尺（15240 米）的高度上由机组人员肉眼捕获。接着操作员开启尾部舱门并释放挂钩，待挂住返回胶囊的降落伞后再由绞盘将整个胶囊连同降落伞一起拉入机舱。回收完毕后运输机立刻返回珍珠港的希卡姆空军基地，在那里早已等待多时的运输机会将胶囊火速送往位于马里兰州米德堡的美国国家安全局总部进行分析。若飞行员未能成功挂住降落伞，则可派遣船只回收或干脆弃之不管，安装在返回胶囊底部的盐栓会在两天后被海水溶解，使得整个胶囊沉入海底，海水的腐蚀会彻底破坏胶卷。机组为训练空中回收需要的默契配合，几乎每天都会在空中回收由其他飞机空投下的假目标。

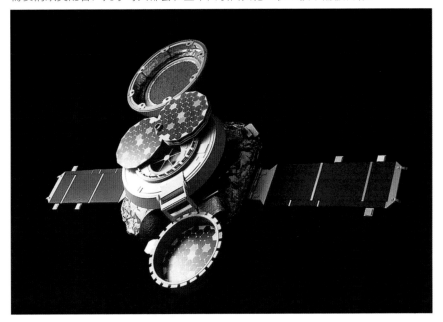

美国"起源"号探测器

从 1959 年起至 1972 年止，"科罗纳"间谍卫星总共发射 144 次，其中 102 次回收成功，改造过的 C-119 和 C-130 运输机都先后参与。当然，美国中央情报局对回收成功的定义是胶卷可以读取，因而不乏实际物理回收成功但胶卷损坏的案例存在。1961 年专门负责研发操纵间谍卫星的美国国家侦查局（NRO）成立后，"科罗纳"间谍卫星根据拍摄技术的先进程度被重新编号为 KH-1 至 KH-4，"锁眼"间谍卫星家族由此诞生。一直到数字传输图像的 KH-11 间谍卫星诞生为止，KH-5 至 KH-9 系列全部延续了"科罗纳"间谍卫星的空中胶囊回收。

除了间谍卫星的空中回收外，美国国家航空航天局（NASA）也曾计划空间探测器的空中回收，那便是太阳风粒子探测器"起源"号的返回舱。2001年8月8日发射的"起源"号探测器主要目的是收集太阳风粒子，以精确计算太阳风和太阳主要成分，这是NASA在"阿波罗"计划后第一次将地外物质带回地球，同时也是当时人类带回的距离地球最远的物质。为避免地球磁场对太阳风粒子的污染，"起源"号探测器在远离地球磁场的地日L1拉格朗日点进行样品采集，采集结束后"起源"号绕道地日L2拉格朗日点以便在美国时间的白天返回地球。由于担心返回舱降落时的撞击和震动会破坏返回舱的完整性，进而污染采集的太阳风粒子，NASA决定采用直升机空中回收的方式。

计划中"起源"号会在掠过地球的时候释放275千克重的样品返回舱，预计回收地点为美国犹他州试验训练场。在距离地

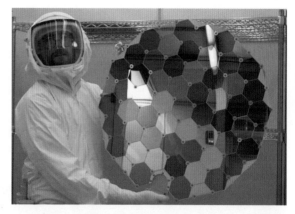

"起源"号探测器上用于采集太阳风粒子的硅化玻璃盘

正在进行"起源"号探测器回收演练的直升机

面 33 千米时，返回舱开启减速降落伞，然后在距离地面 6.7 千米时打开主降落伞以稳定返回舱的下降。在距离地面 2.5 千米时，改装过的直升机将用大约 5 米长的钩子钩住主降落伞，若此高度回收失败，第二架备用直升机将在 2 千米高度再次尝试回收。钩住降落伞后直升机要将返回舱缓慢吊入提前在地面准备好的密封舱，以确保回收全程无污染。

与"科罗纳"胶囊回收相比，"起源"号的样品返回速度更快且更复杂，颇有些空中特技的味道。为此，NASA 特意去好莱坞雇用了两名直升机特技飞行员来完成空中回收。两人提前进行了数次模拟挂取，没有一次失败。外加上 2.5 千米的高度足够两架直升机各进行 4 次回收尝试，因此 NASA 对空中回收信心十足。

遗憾的是，计划永远赶不上变化。格林尼治标准时间 2004 年 9 月 8 日 16 时 55 分，"起源"号释放的样品返回舱以 11.04 千米／秒的速度进入地球大气层，然而由于返回舱电子组件中加速度计算装置的设计问题，减速降落伞和主降落伞均没能按原计划开启。两位特飞行员只能默默地看着返回舱以 86 米／秒的速度撞在犹他州图埃勒县的沙漠上。如此猛烈的撞击造成返回舱破裂，内置样品储存胶囊破损，好在沙子松软的质地一定程度上缓和了冲击，太阳风粒子样品并没有外泄。

人造卫星如何选择合适的运行轨道

从卫星起飞到卫星在轨道上运行工作，一直到寿命结束，卫星质心的运行轨迹，我们称为人造卫星轨道。一般来说，人造卫星轨道分为如下三个部分：发射轨道，即卫星从起飞到入轨，卫星质心的运动轨迹；入轨点，卫星进入运行轨道称为入轨，进入运行轨道的初始点就是入轨点；运行轨道，即卫星入轨后开始运行工作，直到工作寿命结束，卫星质心的运动轨迹。

日本"大隅"号人造卫星

人造卫星的运行轨道多种多样，按形状可分为圆轨道和椭圆轨道；按距离地面的高度可分为高轨道和低轨道。此外，还有赤道轨道、极地轨道、地球同步轨道、对地静止轨道和太阳同步轨道等有特定意义的轨道等。

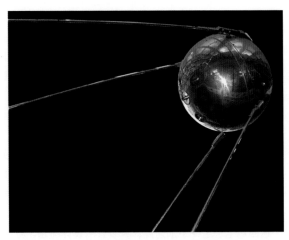

世界上第一颗进入行星轨道的卫星"斯普特尼克 1"号

卫星绕地球运行一圈的时间叫运行周期，卫星轨道形成的平面叫轨道平面，轨道平面与地球赤道平面形成的夹角叫轨道倾角。倾角小于 90 度为顺行轨道；大于 90 度为逆行轨道；等于 90 度为极地轨道；倾角为 0 度，即轨道平面与赤道平面重合，为赤道轨道。若卫星的运行周期和地球的自转周期相同，这种卫星轨道就是地球同步轨道；如地

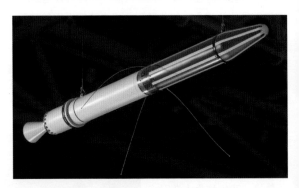

美国第一颗人造卫星"探险者 1"号

球同步轨道的倾角为 0 度，即卫星正好在赤道上空，它将以与地球自转相同的角速度绕地球运行。从地面上看去，就像是静止不动的。这种特殊的卫星轨道被称为对地静止轨道。处于这条轨道上的卫星就是通常所说的对地静止轨道卫星。

卫星轨道的具体选择，则要根据卫星的任务和应用要求来确定。如对地面摄影的地球资源卫星、照相侦察卫星等，通常采用近圆形的低轨道运行方式；通信卫星则常常采用对地静止的地球同步轨道；为了节省发射卫星时所消耗的运载火箭的能量，常采用顺行轨道；为了使卫星能对地球进行全面观察，则需要采用极地轨道；而为了让卫星始终在同一时刻飞过地球的某他上空，或使卫星永远处于或永远不处于地球的阴影区，又往往需要采用太阳同步轨道；军用卫星，为了军事的特殊需要，则常常采用地球同步轨道和太阳同步轨道等。

人造卫星在太空中运行时如何进行温度控制

　　人造卫星在太空中运行，会遇到高温和低温两种环境。因为太阳是一个巨大的热源，在太空的真空环境中又没有传导与对流散热，所以在太阳直接照射人造卫星时，如果不加防护，温度可达 100℃以上；但当人造卫星进入地球阴影区时，温度又会低至 -100℃以下。显而易见，人造卫星内的各种仪器设备不可能在如此大的温差环境中正常工作。另外，地球的太阳光反射和红外低温辐射也会影响卫星温度；人造卫星内的仪器设备工作时还要向外散发热量。为此，人造卫星都有热控制（或叫温度控制）分系统，这些系统可以把卫星内温度控制在仪器设备可以正常工作的温度范围内。

欧洲环境卫星在轨运行示意

人造卫星的热控制就是通过控制卫星内外的热交换，使星体各部位及星上仪器设备在整个飞行任务期间都处于正常工作的温度范围内。一般的电子设备，如果长时间工作在 50℃ 以上的环境中就会产生故障，而化学电池等一些设备，如果在 0℃ 以下工作其效率又会很低。所以，虽然卫星外的温差为 −100℃ 至 100℃，但人造卫星内的温度一般要保持在 5℃ ～ 45℃ 的范围内，个别的部分只允许在恒定的温度下有 1℃ ～ 2℃ 的变化范围。

人造卫星的热控制方法有被动式和主动式两种。其中被动式热控制可采用多层隔热、涂层和热管等方法；主动式热控制可采用百叶窗、电加热器、流体循环换热等方法。

美国"信使"号探测器正在安装热控制装置

被动式热控制

被动式热控制是依靠选取不同的热控材料，合理地组织卫星内外的热量交换过程，其优点是不需要消耗能量，只要在卫星的内外表面及仪器设备上采取相应的措施就能达到热控制的目的。

用多层隔热材料把需要保温的仪器包扎起来是最简单的被动式热控方法。这种材料由多层镀铝聚酯薄膜构成，通常用真空沉积法将铝镀到聚酯膜的正面或正反两面。

喷涂法是在人造卫星外表的不同方位喷涂上白漆、三氧化二铝等低吸收辐射比的涂层，使人造卫星吸收太阳的热量与向外辐射的热量达到平衡，以降低蒙皮温度；在卫星壳体的内表面通常喷以高辐射率涂层，以增强各部位之间的内辐射，改善壳体温度的均匀性。也可在人造卫星表面采取抛光或电镀的办法，来提高它的辐射率。

热管是一种传热元件，它充分利用了热传导原理与相变介质的快速热传递性质，透过热管将发热物体的热量迅速传递到热源外，其导热能力超过任何已知金属的导热能力，可以把发热量大的仪器的热量传导到不发热的仪器上。

尽管被动式热控制简单、经济、可靠，但其热控制精度稍低，加之控制的范围有限，本身没有自动调节温度的能力，只适用于一些对温度调节要求比较低、仪器设备发热量不大的人造卫星。一些对温度调节要求比较高的卫星，还需在被动式热控制的基础上采用主动式热控制。

主动式热控制

主动式热控制就像家用的冷热两用空调，通过主动加温或降温来达到热量的平衡。一般来说，人造卫星的表面会安装能活动的百叶窗。这种百叶窗主要由热敏动作器、叶片和底板组成，当卫星内的温度超过允许的范围时，用热敏材料制成的动作器会受到膨胀，使驱动叶片打开，露出表面涂有高反射涂层且与发热量较大的设备基座连在一起的底板，从而调节卫星内部的温度。

人造卫星内用的电加热器一般由电热丝、温度敏感元件和恒温控制器组成，具有结构简单、使用方便、控制精度高等优点，既可以用于整舱的主动热控制，也能用于个别仪器的温度调节，但需消耗卫星上的宝贵电能，只限用于能源比较充裕的卫星上。

美国"黎明"号探测器正在安装热控制装置

流体循环换热主要用于发热量大的大型人造卫星或载人航天器。它是采用一套复杂的流体循环换热装置，即在卫星的各个部位和仪器上用热收集器收集热量，然后收集的热量通过导管中液体的流动带到一个热交换器上，再由热交换器把热量传到热辐射器，最后通过热辐射器把热量辐射到空间。

在大多数情况下，人造卫星一般采用被动和主动两种方式联合工作，以确保温度控制的可靠性和高效率。

美国詹姆斯·韦伯太空望远镜正在进行热控制测试

▶▶▶ 人造卫星有哪些姿态控制方法

根据对卫星的不同工作要求，卫星姿态的控制方法也不同。按是否采用专门的控制力矩装置和姿态测量装置，可以把卫星的姿态控制分为被动姿态控制和主动姿态控制两类。

德国"挑战性小卫星有效载荷"（CHAMP）卫星在轨运行示意

被动姿态控制

被动姿态控制是利用卫星本身的动力特性和环境力矩来实现姿态稳定的方法。被动姿态控制方式有自旋稳定、重力梯度稳定等。

（1）自旋稳定。有的卫星要求其一个轴始终指向空间固定方向，通过卫星本体围绕这个轴转动来保持稳定，这种姿态稳定方式就叫自旋稳定。它的原理是利用卫星绕自旋轴旋转所获得的陀螺定轴性，使卫星的自旋轴方向在惯性空间定向，早期的卫星大多采用这种简单的控制方式。要使卫星旋转，可以用在卫星的表面沿切线方向对称地装上小火箭发动机，需要时就点燃小发动机，产生力矩，使卫星起旋或由末级运载火箭起旋。我国的东方红一号卫星、东方红二号通信卫星和风云二号气象卫星都是采用自旋稳定的方式。

（2）重力梯度稳定。重力梯度稳定是利用卫星绕地球飞行时，卫星上离地球距离不同的部位受到的引力不等而产生的力矩（重力梯度力矩）来稳定的。例如，在卫星上装一个伸杆，卫星进入轨道后，让它向上伸出，伸出去后其顶端就离地球更远，因而所受的引力较小，而它的另一端离地球近，所受的引力较大，这样形成的引力差对卫星的质心形成一个恢复力矩。如果卫星的姿态（伸杆）偏离了当地铅垂线，这个力矩就可使它恢复到原来姿态。该种控制方式简单、实用，但控制精度较低。

法国"地球观测系统"（SPOT）卫星在轨运行示意

主动姿态控制

主动姿态控制，就是根据姿态误差（测量值与标称值之差）形成控制指令，产生控制力矩来实现姿态控制的方式。

许多卫星在飞行时要对其相互垂直的3个轴都进行控制，不允许任何一个轴产生超出规定值的转动和摆动，这种稳定方式被称为卫星的三轴姿态稳定。目前，卫星基本上都采用三轴姿态稳定方式来控制，因为它不仅适用于在各种轨道上运行的、具有各种指向要求的卫星，也可用于卫星的返回、交会、对接及变轨等过程。

实现卫星三轴姿态控制的系统一般由姿态敏感器、姿态控制器和姿态执行机构三部分组成。姿态敏感器的作用是测量卫星的姿态变化；姿态控制器的作用是把姿态敏感器送来的卫星姿态角变化值的信号，经过一系列的比较、处理，产生控制信号并输送到姿态执行机构；姿态执行机构的作用是根据姿态控制器送来的控制信号产生力矩，使卫星姿态恢复到正确的位置。

▶▶▶▶ 一次完整的火星探测任务需要多长时间

太阳系八大行星中，火星是距离太阳第四近的行星，紧邻地球。火星和地球都在绕太阳公转，地球的公转周期是 365 个地球日，而火星的公转周期则为 687 个地球日。火星大约每隔 780 个地球日接近地球一次，被称为"冲日"，因此发射火星探测器的发射窗口相隔约为 26 个月。也就是说，从地球出发前往火星，最多需要等待两年多的时间。

火星地表照片

确定出发时间以后，还需要选择合适的路线。地球的引力范围是 92.8 万千米，火星的引力范围约为 58 万千米，这相对于火星和地球上亿千米的距离而言是非常小的。火星和地球最近的距离约为 0.56 亿千米，最远是 4 亿千米。然而，从地球前往火星，又或者从火星返回地球，都不能走最近的"直线距离"。

从地球飞往火星分为 3 个阶段：绕地球运动、绕太阳运动、绕火星运动。火星探测器搭乘运载火箭发射升空后，要想从地球轨道进入火星轨道，首先要从第一宇宙速度 7.9 千米 / 秒加速到第二宇宙速度 11.2 千米 / 秒，从地球轨道进入日心轨道，也就是地一火转移轨道，之后降低速度转移到火星轨道。

要转移变换轨道必然要消耗宝贵的燃料，因此各国航天机构通常会选择霍曼转移轨道以节省燃料——转移轨道设计成与初始轨道和最终轨道都相切的椭圆。用这种方式前往火星，来回大约需要 969 天。其中包括出发和返回路程中的时间，总共约为 519 天；以及到达星后，在火星上等待返回时机，大约需要 450 天。

🔔 小贴士

霍曼转移轨道由德国物理学家瓦尔特·霍曼在 1925 年提出。途中只需两次发动机推进，即可实现太空船从低轨道向高轨道的转移，相对地节省燃料。

美国"火星 2020"火星探测器任务着陆过程示意

火星车太阳翼如何解决除尘问题

火星车是指在火星登陆用于火星探测的可移动探测器，是人类发射的在火星表面行驶并进行考察的一种车辆。20 世纪末 21 世纪初，美国相继发射了 4 辆火星车，即"索杰纳"号、"勇气"号、"机遇"号和"好奇"号。探测车的质量从 11.5 千克的微型探测车，发展到约 900 千克的中型探测车，最远的行驶距离已经超过马拉松比赛的长度。2021 年 2 月，美国国家航空航天局发射了"毅力"号火星车。

美国"勇气"号火星车运行示意

火星车设计时，首先需要考虑风的影响。通常情况下火星表面的风速夜间为 2 米 / 秒，白天为 6 ~ 8 米 / 秒，虽然火星表面空气密度只有地球表面的 1/120，但是火星风仍然可以导致尘埃飞扬。发生尘暴时，风速更可以达到 50 米 / 秒以上。

火星车工作在火星表面，不可避免地会受到火星尘的影响。火星尘主要是由 4 个因素导致的：发动机羽流喷射、着陆冲击、火星车移动携带和自然激扬。对火星车而言，影响最大的是火星尘暴引起的火星尘自然激扬。

火星尘的影响主要包括：吸附在光学设备表面，导致其成像性能降低；进入机构内部，影响其正常运动；吸附在太阳能电池阵表面，影响太阳能电池阵的输出功率；热控涂层表面黏附火星尘后会导致其性能下降，改变探测器的温度分布；火星车释放过程中如转移机构上附有火星尘，则影响车轮与转移机构间的接触状态，影响释放过程的安全性。最直接的影响就是导致太阳能电池输出功率下降。

美国"机遇"号火星车进行地面测试

基于"索杰娜"号火星车获得的数据，尘埃覆盖率为 0.28%/ 天，太阳能电池发电效率衰减率为 0.29%/ 天。基于"勇气"号火星车获得的数据，前 150 天衰减率为 0.2%/ 天，之后衰减率为 0.06%/ 天。

为了降低火星尘沉积对火星车太阳能电池输出功率的影响，各国通常采用以下几种除尘方法。

（1）自然除尘。利用火星风进行尘埃清除。在低气压的火星环境下，除尘所需要的风速比在地球大气压下的风速要高，当在火星风速大于 35 米 / 秒时，才能清除大部分微尘。而"海盗"号探测器对风速 100 多天的探测结果表明，其着陆点的最大风速仅为 25 米 / 秒，因此通过风除尘的方案可靠性差。

（2）机械除尘。利用擦拭、喷吹、摇动、震动或超声波等方式除尘。擦拭除尘类似汽车雨刮，但在擦拭过程中，火星尘颗粒可能会划伤太阳能电池表面。喷吹除尘是采用压缩气体直接喷吹太阳翼上的微尘。摇动、震动除尘则需增加摇动、震动机构，或利用太阳翼自身驱动机构实现太阳翼的抖动。还可以增加超声波发生器，利用超声波除尘。机械除尘方法均需要付出较大的重量代价。

美国"好奇"号火星车拍摄的火星照片

（3）静电除尘。火星尘在射线作用下以及在与大气摩擦中会产生电荷，利用电荷同性相斥原理，实现除尘。

（4）隔离除尘。可以选用滚轴更换薄膜方案或者充气脱膜方案。在滚轴更换薄膜方案中，薄膜位于太阳翼上部，可以阻挡灰尘，当薄膜变脏时，通过滚动滚轴，更换干净的薄膜。充气脱膜方案将带有囊体的透明薄膜覆盖在火星车太阳翼上，灰尘直接落在透明薄膜上，当薄膜落尘较多时，通过充气膨胀薄膜囊体，实现薄膜与太阳翼脱离。但这两种方案均无法长期保证除尘效果。

（5）表面工程技术除尘。利用表面工程技术实现太阳翼除尘，具有代价小、性能稳定等特点，具有较大的发展

美国"好奇"号火星车在火星夏普山脚下的自拍

前景。目前，这一技术的典型代表就是超疏基结构。构建超疏基表面的结构通常需要两个步骤：一是在材料表面构建微观结构，如脊状结构、柱状结构、球状结构等；二是在粗糙的表面修饰低表面能物质。由于降低表面能在技术上容易实现，因此超疏基表面制备技术的关键在于根据材料特性采取合适的技术构建合适的微观结构。

▶▶▶ 侦察卫星寿命较短的原因是什么

　　侦察卫星特别是照相侦察卫星，为了获得高分辨率侦察照片，除尽可能采用大型侦察照相机外，一个有效的办法是尽量采用较低的轨道。美国、苏联的早期侦察卫星的轨道近地点只有 150 余千米。这样低的高度，极其稀薄的大气仍然给卫星带来一定的阻力，结果使卫星运行速度越来越慢、轨道高度不断降低，于是很快降低到第一宇宙速度以下，结果就是卫星坠入大气层。这个时间一般只有 3 ～ 4 天。苏美早期研制的照相侦察卫星寿命只有几天，因此只好通过增加发射数量来弥补卫星寿命的不足。

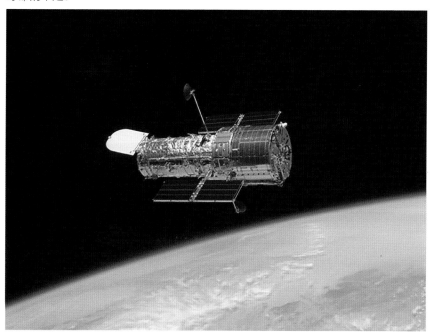

美国 KH-11 侦察卫星在轨运行示意

随着火箭运载能力的提高以及卫星技术的进步，后来出现的照相侦察卫星（从第三代开始），在侦察设备愈加先进的同时，也拥有了变轨和机动能力，即在照相侦察卫星上安装变轨和姿态控制发动机，当卫星进入准备侦察的地区时，利用这些发动机降低卫星轨道实施侦察，侦察完毕后再抬高轨道。由于卫星运行轨道提高了，大气阻力大大降低，卫星寿命也就提高了。不过，由于卫星自身携带的推进剂数量有限，频繁地降低、抬高轨道会迅速消耗推进剂，因此这类侦察卫星的寿命也不会太长。

目前，美国研制的"高级锁眼"KH-11卫星由于携带较多的推进剂，它的运行寿命可达5年左右。KH-11卫星的尾部装有两个大型太阳能电池帆板，每个长约为13.7米、宽约为4.11米，卫星翼展为35米，总重约为18吨，光推进剂就达14吨。由于推进剂更多，KH-11卫星可机动到较高轨道上进行普通侦察，也可机动到最低时的160千米进行详细侦察，如果利用航天飞机对其进行推进剂补充，预计其寿命可提高到15年。由于电子侦察卫星在静止轨道上运行，因此它的寿命一般要长得多，可达十几年。

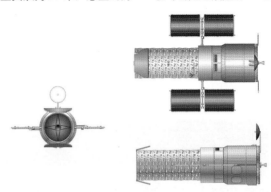

美国KH-11侦察卫星结构

▶▶▶▶ 资源卫星有哪些遥感手段

资源卫星是专门用于勘探和研究地球资源的卫星，分为陆地资源卫星和海洋资源卫星，一般都采用太阳同步轨道。

世界上第一颗陆地资源卫星是美国于1972年7月23日发射的"陆地卫星1"号。它采用近圆形太阳同步轨道，距离地球920千米高，每天绕地球运行14圈。卫星上的摄像设备不断地拍下地球表面的情况，每幅图像可覆盖地面近2万平方千米，是航空摄影的140倍。

世界上第一颗海洋资源卫星是美国于1978年6月发射的"海洋卫星1"号，它装有各种遥测设备，可在各种天气里观察海水特征、测绘航线、寻找鱼群、测量海浪、海风等。

资源卫星利用星上装载的多光谱遥感设备，获取地面物体辐射或反射的多种波段电磁波信息，然后把这些信息发送给地面站。由于每种物体在不同光谱频段下的反射不一样，地面站接收到卫星信号后，便根据所掌握的各类物质的光谱特性，对这些信息进行处理、判读，从而得到各类资源的特征、分布和状态等详细资料。

资源卫星能"看穿"表面地层，发现地下矿产、历史古迹、地层构造，能普查农作物、森林、海洋等资源，能预报农业收成和疫病发生，预报自然灾害，是一个多面手。资源卫星对地观察的主要遥感手段有以下几种。

美国"陆地卫星 8"号正在进行地面测试

（1）可见光照相。即利用太空相机对地面拍照。由于普通相机难以分辨地貌，无法识别地面的伪装，于是发展了一种多光谱照相技术，即根据不同物体对不同波长的光线具有不同反射能力的原理，用几部相机分别采用普通黑白胶片、彩色胶片、黑白—红外胶片和彩色—红外胶片同时拍摄一个目标，然后对这些照片综合分析，去伪存真。

（2）红外遥感。它的依据是每个物体都能辐射红外线，而这些红外辐射的特性与其温度密切相关，因而探测物体辐射的红外线即可推算出它们的温度，从而识别伪装并可进行夜间观察。因此，红外遥感技术在军事侦察、气象观察和资源勘探等方面都十分有用。

（3）微波遥感。其中比较成熟的是侧视雪达，即向卫星侧面发射雷达波，然后接收地面物体的反射信号，把接收到的信号经过处理在胶片上成像，从而获取地面物体、地貌的特征。这种方法可以观察云层覆盖下的景物，获取的图像具有鲜明的立体感，因此应用广泛。

美国"陆地卫星 8"号由"阿特拉斯 5"号运载火箭携带升空

>>>>> 在轨维护技术的发展前景如何

2020 年 2 月，美国诺斯罗普·格鲁曼公司的"任务延长飞行器 -1"（MEV-1）把机械臂插进了国际通信卫星 901（IS-901）的发动机喷管里，实现对接。MEV-1 将接管 IS-901 的姿态和轨道控制，把它从卫星废弃轨道带回地球静止轨道，重新投入使用，预计 IS-901 的寿命将再延长 5 年。此次"复活"行动是历史上首次在没有预先设计好的卫星上进行对接，对于卫星在轨维护行业来说是一个里程碑。

所谓"在轨维护"，就是指在地球轨道上开展维护业务，该技术旨在通过加注燃料，修理或更换受损零件，及清除轨道垃圾等，来延长航天器寿命，提升执行任务能力。而 MEV-1 于 2019 年 10 月 9 日搭乘俄罗斯"质子"运载火箭发射升空，是目前世界首个实用性在轨维护飞行器。

事实上，单从经济角度考虑，此次 MEV-1 挽救 IS-901 的效果并不突出。据计算，一般在轨工作 15 年的大型静止轨道通信广播卫星采购价大约是 2 亿美元，另外发射服务费大约是 5000 万～ 6000 万美元，如果延寿 5 年的话，相当于节省了 8000 多美元。而国际通信卫星公司为了购买延寿服务总计要支付 6500 万美元的服务费，因此在理想状态下总共节省了约 1500 万美元，这对于动辄亿元的卫星行业而言带来的利润并不是太大。

不过，此次成功确实开了先河，不难推测在跨出了第一步后，未来在轨维护技术和产业会越来越成熟，如果形成产业化，其运营成本将逐步降低，扩大利润空间，在当今人类太空活动越发频繁的时代，这对于供给方和需求方都是好消息。同时，在太空中还有一些造价高昂、难以轻易舍弃的平台，如哈勃空间望远镜这样的高精密仪器，每在轨工作一天就会产生巨大的价值，所以相关方会不惜代价为其延寿。因此，在轨维护技术的前景广阔。

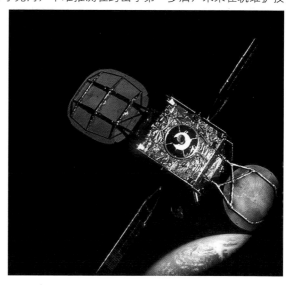

MEV-1 和 IS-901 实现对接

美国天基红外系统如何进行导弹预警

　　天基红外系统（space-based infrared system，SBIRS）是美国冷战时期国防支援计划（DSP）红外预警卫星系统的后继，是20世纪80年代计划用于取代DSP系统的先进预警系统、助推情报与跟踪系统和稍后的早期预警系统等方案的自然延伸。作为美国空军研制的新一代天基红外探测与跟踪系统，它是美国弹道导弹防御系统探测预警的核心环节。

DSP卫星在轨运行示意

随着隐身技术的不断发展，导弹和各类作战飞机平台的雷达反射截面积越来越小，无线电探测的难度也越来越大。然而，此类目标运动时与空气的摩擦和其发动机的尾焰均会产生强烈的红外辐射，有利于红外预警系统对目标的探测。无论是战术还是战略层次，红外预警系统都体现出了无可替代的技术优势。

弹道导弹发射时，火箭发动机会喷出温度高达数千度的火焰喷流，在飞行轨迹上留下长数千米、直径数百米、温度几十摄氏度到数百摄氏度的高温尾气。由于弹道导弹会一直向上飞出大气层，所以这条高温尾迹会一直延伸到大气层顶端，使用红外探测器更易于发现目标。红外导弹预警卫星就是利用卫星上的红外探测器探测导弹在飞出大气层后发动机尾焰的红外辐射，并配合使用电视摄像机跟踪导弹，及时准确判明导弹并发出警报。

SBIRS 卫星探测示意

资料显示，最初人们选择用雷达对来袭弹道导弹发布预警信息。由于地球是圆的，因此雷达只能发现高空目标。再者，雷达不能连续开机，而 SBIRS 以被动方式工作，则不用考虑这方面的因素，也因此被称为不知疲惫的"哨兵"。位于太空的预警卫星不受地球曲率的限制，居高临下，覆盖范围更广，能尽早发现弹道导弹或其他飞行器。从导弹发射到发动机关机，红外预警卫星都可以进行持续跟踪。

早期 DSP 卫星使用短红外和可见光探测，无法克服云层反光的虚警问题，后来虽然演进到双色红外波段，但其视场和分辨率都并不理想，同时对中短程战术弹道导弹的预警力不从心。而 SBIRS 卫星的红外平面阵列视场视野更宽广，有利于发现中短程战区弹道导弹目标，大面积凝视阵进一步提高了对战术目标的探测跟踪能力。扫描平面阵红外探测

制造中的 SBIRS 卫星

器和凝视平面阵红外探测器的结合使用，使 SBIRS 静止轨道卫星的探测跟踪能力相较于 DSP 卫星有了巨大的提高。

SBIRS 卫星采用双探测器体制，每颗星上装有扫描型和凝视型两台探测器。高轨卫星主要用于探测助推段导弹，扫描速度和灵敏度比 DSP 卫星高 10 倍以上。它的扫描型探测器在导弹发动机点火时就能探测到喷出的尾焰，然后在导弹发射后 10 ～ 20 秒内将警报信息传送给凝视型探测器，由凝视型探测器将目标画面拉近放大，获取详细信息。这种工作方式能有效增强探测战术弹道导弹的能力。低轨卫星主要用于跟踪在中段飞行的弹道导弹和弹头，引导拦截弹拦截目标，与现有系统相比可将防区范围扩大 2 ～ 4 倍。通过扫描和凝视两种方式的观测，对陆地、海上和空间导弹的发射、类型、诱饵的散布都有一定的观测和识别能力。

SBIRS 卫星在轨运行示意

载人航天器如何预防和处理火灾事故

1967 年 1 月 27 日，在美国"阿波罗 1"号进行的一次例行测试中，指令舱发生大火，三名宇航员：指令长维吉尔·格里森、高级驾驶员爱德华·怀特及驾驶员罗杰·查菲丧生。这既是美国太空探索史上第一次严重事故，也是美国国家航空航天局登月计划遭遇的第一次重挫。

"阿波罗 1 号"指令舱被拆解

在载人航天器内，哪怕是一个小小的火花，都可能引发一场航天灾难，因为那里没有充足的用于灭火的水。即使航天器内有充足的水，也不能像在地面灭火那样，将水喷到火焰上，因为喷出的水珠将完全飘浮在航天器内造成危害，航天器内一旦发生火灾，其结果不仅损坏仪器设备，使航天器不能正常运转，而且燃烧产生的有毒、有害烟气不能及时排出，从而威胁航天员的生命和健康。

科学研究表明，燃烧需要同时具备三个要素，即氧气、可燃材料和点火源。为了保障航天员的正常生活，载人航天器舱内的空气一般采用与地面相近的成分配比，即氧气含量约为21%。在某些特定的情况下，舱内氧气浓度可能达到30%～40%。由于载人航天器舱内有氧气，燃烧的第一个条件已经具备。制造载人航天器使用的非金属材料多达几百种，其中不乏可燃材料，因此发生燃烧的第二个条件也具备。如果载人航天器的电气设备发生故障，产生局部过热、短路或电火花等现象，都可能提供燃烧的第三个条件——点火源。因此，从理论上讲，无法杜绝载人航天器的火灾安全隐患，稍有不慎，载人航天器就有发生火灾事故的危险。

对于长时间的太空飞行来说，有人认为偶然发生火灾事故是无法避免的。既然如此，研究微重力环境中燃烧发生和发展的特性，研究预防、控制、消灭火灾的方法和技术，就成为航天工程中的一项重要工作。目前，这项工作已引起世界各航天大国的高度重视。

在应对火灾过程中，预警是一个非常重要的环节，它可以让航天员有一定的反应时间和提前去控制火情，从而降低火灾的发生概率。目前，载人航天器主要依靠能探测烟、光或热的传感器进行火情探测。此外，一些舱载设备所配置的能感知局部过热的温度传感器也会提供辅助信息，帮助对火情进行综合判断。

火灾发生过程中会产生大量烟雾和有毒有害气体，其中烟是最致命的因素。所以，航天器舱内配备了特制的呼吸防护面具。航天器内发生火灾时，航天员首先要戴上呼吸防护面具，确保自身安全，然后再灭火。在太空中，燃烧的规律与地面不同：由于没有重力作用，空气无法形成对流，燃烧会局限在一个较小的区域，或者呈现阴燃（没有火焰的缓慢燃烧）现象。所以从某种程度上来说，微重力环境对救火是有利的。

灭火的机理就是阻断氧气，没有氧气助燃，就不会有燃烧了。太空中不能用水来灭火，因为水在太空中不会像在地球上那样落下和流动，而会飘浮在舱内，造成舱内仪器设备短路，甚至导致航天器不能正常工作。座舱是非常狭小的密闭空间，灭火措施既要保证及时控制火势，又不能因灭火导致舱内空气环境恶化。

发生小火灾时，航天员可以用灭火

发生火灾后的"阿波罗1号"指令舱

手套扑灭火焰；如果火情严重，可使用特殊灭火剂来灭火。对于多舱段的大型载人航天器（如空间站），可临时将出现火情的舱段隔离，采用二氧化碳管路向该舱排放二氧化碳来抑制和消灭火情。此外，座舱紧急减压也是一种灭火方案。减压后没有了氧气，自然就不会燃烧了。但这必须与舱内航天服及座舱压力应急系统等协同工作。灭火后，舱内一般会留有少量有毒物质，因此还必须进行排放和消毒处理。

>>>> 开普勒太空望远镜的工作原理是什么

　　开普勒太空望远镜（Kepler Mission）是世界上首个用于探测太阳系外类地行星的飞行器，其于美国东部时间 2009 年 3 月 6 日 22 时 49 分 57 秒 465 毫秒（北京时间 7 日 11 时 49 分 57 秒 465 毫秒），从佛罗里达州卡纳维拉尔角空军基地 17-B 发射台发射升空，它是美国国家航空航天局（NASA）发射的首颗探测类地行星的探测器。

　　NASA 计划对银河系内十几万颗恒星进行探测，希望搜寻到能够支持生命体存在的类地行星。开普勒太空望远镜的主要任务包括：测定在多样性光谱型恒星适宜居住区域内部或周围的陆地行星和大型行星数量；测定不同体积大小行星的分布，以及行星的半长轴；评估多恒星体系中行星的数量和

建造中的开普勒太空望远镜

行星的轨道分布状况；测定短周期巨行星的密度、质量、体积大小、反照率、半长轴；使用互补技术，测量每个光度角度识别发现的行星系统中额外的行星数量；探测具有行星系统的恒星的性质特征。

　　开普勒太空望远镜利用"凌日法"对行星进行间接探测，其探测行星的原理是：当恒星系统中的行星运行到开普勒太空望远镜与恒星之间时，由于行星的遮挡，开普勒光度计传感器接收到的恒星亮度会变弱。因此，地面科学家可以根据恒星亮度的这种周期性的微弱变化来推算出行星的大小和轨道周期等数据。开普勒能探测到的这种亮度微弱变化可以小到 1/100000 左右。这一技术方法已经被科学家采用了十

余年，并帮助天文学家发现了 300 多颗较大的行星。而开普勒太空望远镜将目标对准更小的行星，像地球一般大的宜居住行星，它们都围绕其母恒星运转。

　　开普勒太空望远镜观测的目标区域位于银河系中的天鹅座和天琴座一带，因为这个方向上的观测较少受太阳等天体影响，有利于持续观测。此外，这一区域内也存在较多的恒星及附属行星。

开普勒太空望远镜在轨运行示意

　　开普勒太空望远镜不在环绕地球的轨道上，而是在尾随地球的太阳轨道上，所以不会被地球遮蔽且能持续地观测，光度计也不会受到来自地球的漫射光线影响。这样的轨道避免了重力摄动和在地球的轨道上固有扭矩，可以为太空望远镜提供一个更加稳定的观测平台。光度

开普勒太空望远镜的图像传感器阵列

计指向天鹅座和天琴座所在的领域，远离了黄道平面，所以在绕行太阳的轨道上，阳光也不会影响光度计的工作。天鹅座也不会被柯伊伯带或小行星带的天体遮蔽，所以在观测上是一个很好的选择。这样选择的另一个好处是开普勒太空望远镜所指向的方向是太阳系绕着银河系运动的中心，因此，开普勒太空望远镜所观察到的恒星与银河中心的距离大致上与太阳系是相同的，并且也都靠近银河的盘面。

开普勒太空望远镜由运载火箭携带升空

⟫⟫⟫ 流星体会对飞船产生什么威胁

流星体是太阳系内颗粒状的碎片，其尺寸可以小至沙尘，大至巨砾；更大的则被称为小行星，更小的则是星际尘埃。由国际天文联合会制定的官方定义是：运行在行星际空间的固体颗粒，体积比小行星小，但比原子或分子还大。英国皇家天文学会则提出了较明确的新定义：流星体是直径介于 100 微米至 10 米之间的固态天体。

流星体高速运动示意

　　流星体具有各种不规则的外形，在太阳引力场的作用下，沿着各种椭圆形轨道运动，相对于地球的速度为 11～72 千米／秒，平均速度约为 20 千米／秒，平均密度为 0.5 克／立方厘米。航天器在轨道上运行时，很容易遇到这些不速之客。

　　流星体具有很高的速度，如果它们与航天器相撞，当撞击压力超过航天器表面材料的强度时，撞击点附近的物质会像流体一样流动。随后的压力释放过程，又使撞击体和被撞击体升温，温度达到足以使被撞击物质熔化和蒸发，其后果是在航天器表面留下撞击坑或形成穿孔。

　　流星体颗粒较小时，对航天器的主要危害是对表面的砂蚀作用，这会使航天器的表面粗糙。稍大一些的流星体，就有可能使得航天器壳体出现裂痕，甚至表面被击损剥落，严重时可以透过壳体，对航天器内部设备和控制系统造成损伤。一般情况下，质量超过 1 克的流星体，在近地空间内与航天器相遇的机会极少，只要航天器具有一定的屏蔽防护设计，其危害是可以避免的。但是，当发生"流星暴"时，流星体对航天器的危害就不容忽视了。

　　当宇宙空间某个星系或星体发生剧烈运动时，会有大量的流星物质飞向地球，其密集程度就像雨点般袭来，这就是流星暴，又称作"流星雨"。如果正常运行的航天器遇到流星暴，就要经历一场严峻的考验。1993 年，欧洲航天局的"奥林巴斯"卫星就遇到了英仙座流星群爆发，卫星一度失去控制，飞行任务也不得不提前终止。

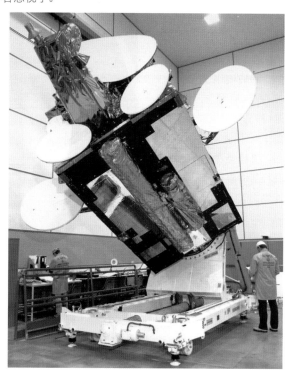

欧洲航天局"奥林巴斯"卫星

世界航天史上发生过哪些重大事故

1960 年 10 月 24 日，苏联拜科努尔航天中心火箭发射爆炸事故造成地面 100 多人死亡。

1961 年 3 月 23 日，被确定为苏联第一个首航太空的宇航员邦达连科在充满纯氧的舱室里进行紧张的训练，休息时，他用酒精棉擦完身上固定过传感器的部位后，随手将其扔到了一块电极板上，结果舱内燃起大火，他被严重烧伤，10 个小时后死亡，成为人类载人航天活动中第一个遇难的宇航员。

1967 年 1 月 27 日，美国肯尼迪航天中心在进行"阿波罗 1 号"载人飞船地面联合模拟飞行试验时，飞船指令舱意外起火，3 名航天员在几十秒内被烧死在舱内。

1967 年 4 月 23 日，苏联宇航员弗拉基米尔·科马罗夫上校乘坐"联盟 1 号"飞船进入太空后，飞船屡次出现故障，几经努力难以修复，在返回地面时飞船降落伞又出意外，无法打开，致使飞船以每秒 100 多米的速度冲向地面，科马罗夫当场遇难。

1971 年 3 月 30 日，苏联"联盟 11 号"飞船顺利完成进入"礼炮 1 号"空间站的各项任务后，在再入大气层前，实施返回舱和轨道舱分离时，连接

"阿波罗 1 号"飞船的内部被烧焦

在"阿波罗 1 号"事故中牺牲的美国航天员

两舱的分离插头分离后，返回舱的压力阀门被震开，密封性能被破坏，返回舱内的空气从该处泄漏，舱内迅速减压，致使 3 名宇航员因急性缺氧、体液沸腾而死亡。

美国"挑战者"号航天飞机爆炸瞬间

1980 年 3 月 18 日，苏联普列谢茨克航天发射场火箭发射爆炸导致地面 50 名技术人员丧生。

1986 年 1 月 28 日，美国"挑战者"号航天飞机在第 10 次飞行时，在升空 73 秒后，由于右侧助推火箭密封装置出现问题，造成燃料外泄，航天飞机发生爆炸，7 名航天员当场遇难。

1990 年 9 月 7 日，美国"大力神"4 型火箭在爱德华兹空军基地搬运过程中，一个助推器突然坠落，发生爆炸起火，火焰高达 45 米，造成至少 1 人死亡。

1998 年 8 月 12 日，一枚运载美国军事间谍卫星的"大力神 4"号火箭在佛罗里达州卡纳维拉尔角发射升空时发生爆炸，造成美国航天史上最重大的损失，该卫星价值 10 亿美元。

2002 年 12 月 11 日，欧洲航天局的"阿里亚娜" 5 型火箭在库鲁发射场发射不久后发生爆炸，火箭及其携带的两颗价值 6 亿美元的卫星坠毁在大西洋中。

2003 年 2 月 1 日，美国"哥伦比亚"号航天飞机在从太空返回地面途中解体，机上 7 名宇航员全部遇难。

2003 年 8 月 22 日，巴西第三枚 VLS 型卫星运载火箭在发射前进行的最后测试中爆炸，造成至少 21 人死亡。

美国阿灵顿国家公墓中的"哥伦比亚"号航天飞机事故纪念碑

人类航天史上第一次卫星相撞事故的原因是什么

2009 年 2 月 9 日，美国"铱"通信卫星星座的 33 号卫星（Iridium 33）和俄罗斯的报废卫星"宇宙 2251"（Cosmos 2251）在 780 千米高度相撞，两星顿时化为两团碎片云，继续在轨道上飞行。这是人类航天史上第一次发生正式的卫星相撞。

当事卫星简介

1997 ～ 1998 年，美国铱星公司发射了几十颗用于手机全球通信的人造卫星，被称为"铱"星。设计之初打算发射 77 颗卫星环绕地球运行，其轨道很像元素铱的原子结构，于是得名。后因为成本太高而改为 66 颗卫星，名称未变。这次发生碰撞的 33 号"铱"星发射于 1998 年。

"宇宙 2251"卫星属于苏联的"天箭座 2"通信卫星星座系列，这个星座的设计思想和"铱"系统非常相似，都是用数个低地球轨道面上的数十颗卫星提供全球通信覆盖。"天箭座 2"的具体星座结构和"铱"星有所不同，它采用 3 个轨道面，倾角都是 74 度，各轨道面间隔 120 度，各卫星近地点在 780 千米左右，远地点在

800 千米左右。"天箭座 2"星座从 1970 年就开始发射，比"铱"星早了 20 多年，到 1993 年退役时，"天箭座 2"先后发射了 59 颗卫星，其中 3 颗未能入轨。"宇宙 2251"卫星服役时的轨道高度为近地点 778 千米、远地点 803 千米。

"铱"通信卫星模型

由于苏联卫星的纬度比较高，因此利用地球静止轨道卫星通信时仰角很低，比较容易受地物遮挡，通信效果不太理想。所以，苏联通信卫星的轨道设计比较特殊，除了著名的"闪电"轨道外，也倾向于利用低轨道，"宇宙 2251"卫星就是一个例子。

事故原因分析

在迄今为止人类发射的航天器中，很多都运行在 800 千米左右高度的轨道上。这个高度的太阳同步轨道对气象观测、遥感、移动通信都非常适合。因此，人类历史上第一次太空"车祸"发生在这个高度，也是完全正常的。

任何卫星发射前，设计师们都要为它设计轨道，其中特别要根据已知的在轨物体情况精确计算，让自己的卫星避开其他卫星和太空垃圾。卫星一旦入轨，会按照设计好的参数稳定运行，正常情况下不会发生碰撞。"宇宙 2251"卫星原本运行在近地点 778 千米、远地点 803 千米的轨道上。它于 1993 年 6 月 16 日发射，其后发射的航天器都要考虑避让它，包括"铱"系统各卫星。既然如此，为什么"宇宙 2251"卫星和 33 号"铱"星还会相撞？

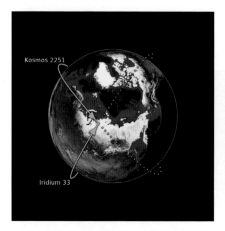

"宇宙2251"卫星和33号"铱"星碰撞
位置示意

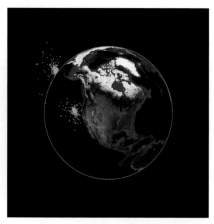

碰撞20分钟后的卫星碎片散布示意

事实上，在800千米的高度依然存在稀薄的大气，其密度当然不能供人类呼吸，也不能给飞行器提供有效的升力，不过还是能给航天器造成一定的阻力。这个阻力虽然很小，但是日积月累就会使航天器的动能逐渐损失，导致其高度下降。"宇宙2251"卫星很有可能在10多年的运行过程中下降了一点高度，虽然幅度不大，但已足够使它与33号"铱"星相撞。当两星同时运行到那个轨道交会点上，人类航天上第一次"车祸"就发生了。用公路交通的概念解释，就是"宇宙2251"卫星和33号"铱"星同时过交叉路口时都没有避让，于是相撞。

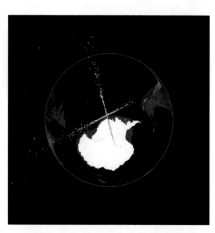

碰撞50分钟后的卫星碎片散布示意

▶▶▶ 载人飞船在轨期间出现故障如何返回地面

载人飞船在轨运行期间，由于故障需要应急返回时，如何返回地面呢？这就要看发生故障时地面测控站的测量控制与跟踪情况了。

如果飞船在地面测控站的控制范围内，测控站可以向飞船输入返回参数和控制指令，控制飞船落入预先设定的应急着陆区。如果飞船发生故障时，不在地面测控站的控制范围内，便无法得到地面测控站的支持，只能由航天员根据飞船上面的仪表显示，自主决定并通过人工操纵的方式实施应急返回。

苏联"上升"号宇宙飞船模型

根据故障等级及其对航天员的危害程度，飞船在轨道运行段的应急返回模式有 3 种。

（1）等待返回。飞船在运行段出现故障后，在可能的情况下，依靠其自身能力，适当等待一段时间，使飞船在国内的应急着陆区着陆。这种情况下，等待时间最长不会超过 18 个小时。

（2）稍候返回。飞船在运行段出现故障后，如果无法等待很长时间，只能尽量依靠其自身能力，稍候一段时间，使飞

美国"阿波罗 17 号"宇宙飞船

船能在发生故障后连续的 2 圈内选择应急着陆条件较好的一个着陆区着陆。在这种情况下，等待时间最长不会超过 6 个小时。

（3）立即返回。飞船在运行段出现故障，情况紧急，必须尽快返回时，可在其

后的第一个来得及着陆的应急着陆区着陆。在这种情况下，等待时间最长不会超过 2 小时 14 分钟。

相较而言，等待返回等候的时间一般要长一些，但能够保证飞船在国内着陆，着陆条件相对较好；与等待返回相比，稍候返回等候的时间一般要短些，着陆条件有

美国约翰逊航天中心正在监测"双子星座"号宇宙飞船的运行情况

可能要差一些，且不能保证在国内着陆；立即返回等候的时间最短，但着陆条件也可能最差。

俄罗斯"联盟"号宇宙飞船

美国"哥伦比亚"号航天飞机解体的原因是什么

2003年2月1日，美国"哥伦比亚"号航天飞机在返回地面过程中解体，机上7名航天员全部遇难，成为16年前"挑战者"号航天飞机失事以来最大的一次航天事故。

"哥伦比亚"号航天飞机最后一次发射升空

事故发生后，美国国家航空航天局（NASA）立即成立了"哥伦比亚"号事故调查委员会，成员包括诺贝尔奖获得者、美国斯坦福大学道格拉斯·奥谢罗夫教授等多位权威专家。调查委员会工作了数月，对整个飞行数据进行了详细的分析，查明了事故的原因。

根据航天飞机设计指标和多次飞行的实测数据，航天飞机在整个再入过程中，铝结构平均每分钟温升约 1.2℃，但"哥伦比亚"号显示的数据却十分异常：再入第 2 秒时，航天飞机到达 102 千米的高度，一般认为该处为气动加热开始阶段，此时尚看不出异常；第 8 秒时，虽然未进入高加热时段，但温度传感器已发现左机翼起落架温度异常升高，到第 10 秒时左机翼温度已上升了 15℃；第 13 秒时，休斯敦任务控制中心失去温度传感器数据，根据机翼铝结构的最高设计

"哥伦比亚"号航天飞机被运输到发射台 3

温度为 175℃这一线索推断，所用传感器量程不应在 200℃以上，此现象说明结构温度已达 175℃以上；第 15 秒时"哥伦比亚"号在 61 千米高度，机长里克·赫斯本德与地面作了最后一次应答，便在一片噪声中失去联络，紧接着目击者和雷达发现"哥伦比亚"号解体为无数碎片。从以上数据不难看出，是左机翼上的防热瓦失效导致了航天飞机的最终解体。

那么，左机翼上的防热瓦为何会失效呢？这使人想起航天飞机起飞时曾发生的一幕：它的左机翼前缘遭受外贮箱上脱落的一块泡沫塑料的撞击。根据起飞时的摄像记录（摄像机当时与航天飞机相距 40 千米），起飞后 57 秒从外贮箱上脱落了一块泡沫塑料，该泡沫塑料约为 0.76 千克，长度不大于 1 米，厚为 6 毫米，以 20 度攻角、700 米/秒的速度撞击了左机翼前缘。同时，根据记录，当时的噪声水平高于正常值。

这样一次当时被认为无关紧要的"轻微"撞击，是否就是破坏防热瓦的罪魁祸首呢？事故调查委员会用地面试验复现了防热瓦被撞坏并最终导致机毁人亡的全过程。

按照上述起飞时撞击过程的参数（如泡沫塑料大小、撞击速度和角度等），以

备用的航天飞机机翼作试验件，果然机翼前缘被撞出约 25 平方厘米的孔洞。再用等离子加热高温气流模拟再入气动热，实验结果表明，防热瓦很快从被撞坏处烧毁。机翼前缘防热瓦是一种碳纤维增强复合材料，破坏的过程是：材料基体碳首先被破坏，然后碳纤维松散，最后整个部件被破坏。地面试验完全复现了防热瓦被撞坏并导致防热失效的全过程。

航天飞机在发射时，中间最大圆柱体部分就是外贮箱，由液氧箱、液氢箱组成。外贮箱主要给航天飞机上的主发动机提供推进剂，航天飞机入轨前，外贮箱推进剂耗尽，箱体与航天飞机解锁自行降落，再入大气层时烧毁。由于外贮箱内存放的是液氢、液氧。液氢、液氧存放的温度应分别低于 −253℃和 −183℃。箱内温度升高，会使液氢、液氧汽化，导致贮箱内压增大进而破坏贮箱。所以贮箱外要包覆一层绝热性极好的泡沫绝热材料。这层绝热材料一方面保持箱内低温，另一方面也使箱外表面温度不会过低，防止大气中的湿气在贮箱表面结冰。

绝热泡沫材料脱落的主要原因在于它与贮箱的连接方式。这层绝热材料与贮箱外表面用胶层粘接，实际工程实施中，这么大面积的胶接面很难避免个别脱胶和胶层内存在气泡的现象。航天飞机发射后，在上升段逐步加速过程中，高速气流与表面的摩擦会使这层绝热材料温度升高，胶层内残留的气体因温度升高而膨胀，导致泡沫绝热层局部脱落。

既然发射段贮箱外表面温度升高和胶层内的气泡都难以避免，那么泡沫绝热层的脱落问题也就难以杜绝。

"哥伦比亚"号航天飞机降落在肯尼迪航天中心

在"哥伦比亚"号航天飞机解体事故中牺牲的航天员

▶▶▶ 世界各国如何消除失效航天器坠地威胁

据统计，截至 2018 年世界各国累计发射了超过 6000 颗卫星。一颗卫星如果在失效后仍沿轨道飞行，就存在和新卫星相撞的危险。因此，国际条约规定轨道高度在 2000 千米以下的卫星须在结束使命后 25 年内落地销毁。卫星结束使命前会收到让其降低高度的命令，最终坠向地球。当然，因故障失控而自然坠落的卫星也不在少数。例如，2011 年时在役的美国"高层大气研究卫星"和德国"伦琴"天文卫星就先后坠入地球大气层；2012 年 1 月 15 日，因故障而停留在地球轨道的俄罗斯"火卫—土壤"探测器也坠落在太平洋智利海岸附近。

数据显示，从 20 世纪 70 年代到 80 年代，每年约有 200 枚火箭和卫星坠落，21 世纪初每年也有 50 枚左右。世界各国一直在研究使失效航天器安全落地的技术。一般来说，科学家在设计航天器时，会想办法让航天器在进入大气层时尽量燃为灰烬，比如，不用钛等不易熔化的金属等。

失效航天器坠入地面的过程较复杂。当失效航天器飞行轨道降低到 120 千米高度时，由于大气密度较大，所以其轨道高度会迅速降低再入大气层，并在气动热和气动力的作用下解体。当航天器距地面 100 千米时，其太阳能电池帆板、大型天线等航天器本体表面的大型装置将在大气阻力作用下率先撕裂，与航天器本体分离。当航天器离地面 80 千米时，由于航天器与大气层

俄罗斯"火卫—土壤"探测器 3D 模型

的剧烈摩擦，使航天器的温度进一步升高，所以航天器本体结构也开始解体。解体后形成的碎片大部分在与大气层摩擦产生的高温中烧成灰烬，只有一些较大的部件或采用钛合金的设备会残留一部分撞击地面，其中较大的碎片飞行距离较短，较小的碎片飞行距离较长，所以碎片会沿再入的轨迹方向散布在一个狭长的区域，散落区域长度一般为数千千米，宽度约为数百千米。

英国维珍银河公司商业宇宙飞船"宇宙飞船二"号在美国加州沙漠地带坠毁

🔔 **小贴士**

根据美国战略司令部空间监测网的数据，截至 2018 年已监测到超过 21800 个人造飞行物坠入大气层，但这些失效航天器绝大部分在进入大气层时已经解体并燃烧殆尽,只有约1%因体积较大而坠向地表。

德国"伦琴"天文卫星发射瞬间

除了让失效航天器焚毁在大气层，将其引导到"航天器坟场"也是比较安全的措施之一。航天器坟场是位于南太平洋一个面积很大的深海无人区，是国际上习惯用于收集失效卫星的地区。通常将可操控的失效卫星、火箭、空间站等通过人为引导使其坠入航天器坟场。这样做的优点是，既不会产生太空垃圾，也不会对地面造成威胁。

不过，航天器坟场只能用于收集可操控的失效航天器，对于因控制系统故障或燃料不足而失控的近地卫星，可利用反卫星导弹将其击碎，使碎片进入大气层后被高温烧毁。这种方法通常只对涉密航天器使用，因为如果实施得不好，航天器碎片向上飞，将产生更多的太空垃圾。

尽管世界各国都有严密的预防措施，但也无法完全避免失效航天器坠入他国境内的事故。20世纪70年代末，苏联的核动力卫星就曾经在加拿大境内坠毁，虽然没有造成人员伤亡，但却造成了巨大的核恐慌，随后苏联向加拿大道歉并赔偿了300万美元。

事实上，联合国早在1972年就通过了《外空物体所造成损害之国际责任公约》，其中要求航天器坠入他国的责任国对受害国进行道歉和赔偿。根据联合国的公约，一旦本国的航天器失控坠入他国，给他国造成了损害，就必须道歉和赔偿。但如果该航天器没有对坠入国造成损害（指人员和财产损失），却被坠入国占有或者进行了移动和研究，责任的划分则模棱两可。

▶▶▶ 美国航天飞机如何与俄罗斯空间站交会对接

1995年6月29日，美国航天飞机"亚特兰蒂斯"号顺利地与在太空运行的俄罗斯"和平"号空间站对接成功。

尽管俄罗斯在其"联盟"号飞船与空间站方面已积累了70多次交会对接的实践经验，但是对于美国航天飞机来说，只有多次与轨道上的卫星进行空间交会的经验，从未与任何航天器进行过对接。另外，此次对接涉及两个国家，技术风险和政治风险都很大。因此，"亚特兰蒂斯"号航天飞机使用了俄罗斯研制的对接机构。俄制的对接机构经过了数十次空间飞行的考验，技术上相当成熟，可靠性也很高。

根据设计计算，"亚特兰蒂斯"号航天飞机与"和平"号空间站在对接时的相对速度不得大于0.03米/秒。实际上，这两个各重100多吨的航天器本身正在轨道上以7678米/秒高速运行。为实现对接，就必须在极高速度的状态下控制精度。为此，在对接过程中尽量利用了轨道动力学原理使航天飞机自然减速，而不用或少用反作用推力器，以免喷气羽流污染"和平"号上的光学镜头等敏感部位。

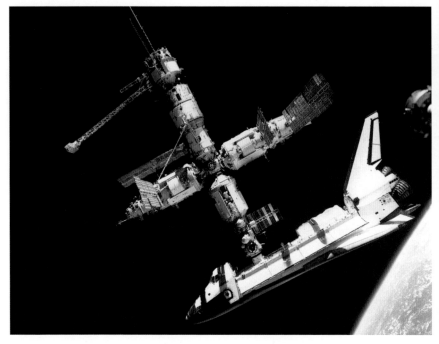

"亚特兰蒂斯"号航天飞机左侧视角

在对接过程中，"亚特兰蒂斯"号必须精确保持在以"和平"号（"晶体"舱）对接口中心为顶点的一个想象的圆锥形对接走廊内。当两个航天器相距 76 米时，锥体直径为 21 米；当距离为 9 米时，锥体直径为 1.5 米；到达对接瞬间时，只允许有 7.62 厘米的横向偏差。为了保证航天飞机处于锥形对接走廊内，必须精确控制与空间站的相对速度，设计要求接近时相对速度不得大于 0.06 米 / 秒，而实际上，相对速度控制在了 0.03 米 / 秒以下。

造成对接技术难度大的另一个原因是，允许的对接窗口的时间只有 2 分钟。空间交会对接需要在地面站控制指挥下进行，"亚特兰蒂斯"号与"和平"号对接时，正处在俄罗斯位于亚洲的一个地面站上空。这个地面站能够跟踪测控两个航天器的时间只有 2 分钟。

"亚特兰蒂斯"号与"和平"号对接的实际操作由机长吉布森负责执行。驾驶员普列考特则不断通过机载激光测距雷达和计算机运算，提供航天飞机相对于空间站的瞬时位置、速度和姿态等数据。一旦"亚特兰蒂斯"号的对接机构与"和平"号的对接机构发生接触，航天飞机就自动打开推力器喷气 2.7 秒，推动两对接机构压紧并锁定。接着，航天飞机上的航天员检查对接部分的密封性，在对各关键部位进行压力检测,确认两个航天器在结构上完全啮合时,才打开沟通两个航天器的通道,让航天飞机上的航天员全部进入空间站。

为了完成这次历史性的空间对接任务,美国航天员做了大量准备工作。机长吉布森在地面约翰逊空间飞行中心的交会对接模拟装置上进行过多次模拟操作;驾驶员进行过 1000 小时以上的模拟操作;所有"亚特兰蒂斯"号上的 5 名美国机组人员也都在模拟装置上接受过 500 小时以上的飞行训练。

"亚特兰蒂斯"号航天飞机与"和平"号空间站成功对接

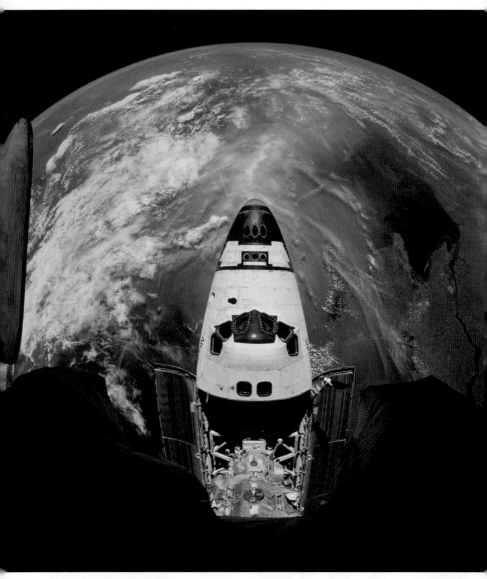

航天员从"和平"号空间站俯视"亚特兰蒂斯"号航天飞机

航天飞机返回地球需要克服哪些技术难题

航天飞机（Space Shuttle）是一种有人驾驶、可重复使用、往返于太空和地面之间的航天器。它既能像运载火箭那样把人造卫星等航天器送入太空，也能像载人飞船那样在轨道上运行，还能像滑翔机那样在大气层中滑翔着陆。

美国"亚特兰蒂斯"号航天飞机发射升空

出于种种技术和经济的考虑，航天飞机大多采用垂直发射、水平着陆的方式。航天飞机的发射是一个惊心动魄的过程，但仍然比不上航天飞机返回地球时的惊险刺激。理想的航天飞机应该可以在不需提前准备的跑道上利用自身动力滑跑起飞降落，在加速摆脱地球引力进入轨道过程中不需要抛离昂贵的助推器，完成空间任务返回大气层时有优良的气动控制能力和正常的飞行能力，除添加燃料外不需要地面大修，就可以在短时间内再次出动。遗憾的是，现在的航天飞机远未达到这种水平。因此，航天飞机返回地球需要克服以下技术难题。

气动设计

　　航天飞机的水平着陆，实际上是无动力的滑翔着陆。换句话说，航天飞机一旦脱离地球轨道进入大气层，就不可能复飞了，必须降落，最好降落在指定地点。这就要求航天飞机必须具有良好的升阻比，可以滑翔一定的距离，在滑翔中具有良好的操控性能，尤其要有良好的着陆操控性能。换句话说，航天飞机要有良好的低空低速性能，即采用具有较高升阻比的细长机翼。然而，航天飞机在返回大气层之初，速度可以高达 24 马赫，这又要求航天飞机具有良好的极高速性能，最好采用阻力最小的升力体布局，否则就会被气动应力撕裂或者被气动加热烧毁。为了调和这种矛盾，现在的航天飞机大多采用升力体加三角翼布局。这是一种折中的设计，因此航天飞机的操控性很差。

美国"发现"号航天飞机着陆时打开减速伞

气动加热

　　从减低气动阻力以减少气动加热的角度来看，航天飞机应该采用尖锐的头部。但理论计算和实验证明，再入过程中极高的速度使气动加热的升温速度太快，尖锐的头部对减小气动加热的作用微乎其微，头锥在时间和空间上受到高度集中的热负荷，根本没有时间散热，很快就被烧毁。耐热材料或隔热、散热、导热技术只能略微推迟被烧毁的时间，但不能从根本上改变被烧毁的结局。

美国"亚特兰蒂斯"号航天飞机着陆前放下起落架

　　1951 年，美国物理学家亨利·艾伦在机密的内部研究中发现，高速再入大气层的航天器前端可对空气产生强烈压缩，在前方大气中形成一个伞状的激波锥，激波前沿的空气密度急剧升高，在航天器前面像一堵移动的墙一样，航天器则在激波锥的尾流中前行。由于和前方静态空气直接接触的是激波锥而不是航天器本身，气动加热主要由激波前沿和前方的静态空气之间的压缩和摩擦产生。如果航天器表面和激波前沿保持一定的距离，气动加热所产生的热量将主要在空气密度较高的激波内传导和耗散，航天器在周围宽厚的边界层保护下，本身承受的热负荷就要小很多。因此，降低航天器热负荷的一个重要途径就是使激波锥前移，尽量远离航天器本体。根据这一发现，亨利·艾伦提出航天器的头部应该是钝形的，而不是尖锐的。他的研究成果成为航天器再入段气动设计的理论基础。

返回飞行控制

返回的轨迹设计对安全返回起到了极大的作用。返回的轨迹必须尽量缩短穿越大气层的时间，以减少暴露于气动加热的时间和降低累计的加热量；又要尽量降低在大气层中的飞行速度，以减少气动加热的速率。这是一个很棘手的问题，只有一个很窄的窗口可以同时兼顾较短的飞行时间和较小的飞行速度。航天飞机装备有减速火箭，但减速火箭的减速作用是有限的，只有将航天飞机的速度降到不足以维持轨道运行的临界速度以下，才能完成脱离地球轨道的动作。减速火箭不能对再入时的高速下降过程起到真正的刹车作用。

航天飞机的着陆过程相当复杂，带来的控制问题也很严峻。现代控制系统的具体实现包括计算机硬件软件和接口、各种传感器和执行机构。一个成功的控制系统是理论、数据、经验和可靠的硬件、软件完美结合的产物，远非一朝一夕可以达成。

美国"奋进"号航天飞机降落在肯尼迪航天中心

航天飞机需要配备运输机的原因是什么

航天飞机实际上是一个由轨道器、外贮箱和固体助推器组成的往返航天器系统。轨道器是航天飞机的核心部分，是整个航天飞机系统中唯一可载人、可重复使用的部分；外贮箱用于装载航天飞机主发动机（液体火箭发动机）的推进剂（液态氧和液态氢），它是一种独立的、可以抛弃的装置，这种设计可以减少航天飞机轨道器的体积和重量，否则轨道器会非常庞大；固体助推器的作用是助推，用于弥补主发动机推力的不足。

美国波音 747-SCA 运输机背负"发现"号航天飞机

目前，世界上只有美国和苏联制造过航天飞机。美国制造了 5 种型号的航天飞机："哥伦比亚"号航天飞机、"挑战者"号航天飞机、"发现"号航天飞机、"亚特兰蒂斯"号航天飞机和"奋进"号航天飞机。苏联制造了"暴风雪"号航天飞机，1988 年成功地进行了无人轨道试飞，其后由于苏联解体，计划被终止。美国和苏联两国的航天飞机在设计上区别较大，但都配备了专门的运输机，"飞机背飞机"的场景非常引人瞩目。

航天飞机之所以要配备运输机，主要是因为返回地球后的航天飞机轨道器没有动力，需要通过航天飞机运输机实现转场飞行。航天飞机起飞后，两个固体助推器的燃料先耗尽，并与航天飞机分离。随后，外贮箱的燃料也耗尽，并与轨道器分离。最终，进入太空轨道的只有轨道器。轨道器在返航的时候，依靠空气阻力无动力滑翔回地球，并降落在机场跑道上。由于轨道器没有动力，所以它只有一次降落机会。

以美国为例，轨道器会降落在航天飞机的第二降落场——位于美国加利福尼亚州的爱德华兹空军基地，而航天飞机的检修、组装以及发射都是在佛罗里达州的肯尼迪航天中心。因此，对于无动力的轨道器，只能通过航天飞机运输机实现转场飞行。

美国波音 747-SCA 运输机背负"亚特兰蒂斯"号航天飞机

另外，航天飞机的气动外形不适合在大气层内飞行，航天飞机进出大气层都会与大气剧烈摩擦产生极高的热量，再入大气层最热的部位能达到 1500℃，气动舵面是越简单、越高效越好，而且航天飞机的外形是偏重再入大气层段的，并不是侧重大气层内无动力飞行。航天飞机的发动机也是火箭发动机，不适合在大气层内使用。

美国制造的波音 747-SCA 航天飞机运输机由波音 747 客机改造而来，其长度为70.5 米，翼展为 59.7 米，自重 144 吨，最大起飞重量可达 322 吨。机背上安装了可与轨道器相连的支架。由于在背负轨道器飞行的过程中，机背上的轨道器会严重影响波音 747-SCA 垂直尾翼的效率，所以在平尾两侧加装了两块端板，以确保充足的航向稳定性。此外，飞机的结构也相应进行了加强。当波音 747-SCA 携带轨道器飞行时，其巡航速度为 700 千米 / 时，航程可达 1850 千米。

苏联制造的安 -225 航天飞机运输机是目前世界上最重、体积最大的飞机，仅生产了 1 架，该机长度为 84 米，翼展为 88.4 米，最大起飞重量为 640 吨，货舱最大载重 250 吨，机身顶部最大载重 200 吨。安 -225 拥有超长的续航能力，在全负载的条件下仍能持续飞行约 2500 千米的距离。

美国波音 747-SCA 运输机背负"奋进"号航天飞机

苏联安 -225 运输机背负"暴风雪"号航天飞机

航天员需要携带哪些救生物品

在完成飞行任务过程中，航天员可能会遇到意料之外的险情。例如，当载人飞船应急返回地面或降落在海上后，航天员可能会遇到各种恶劣的自然环境和危险情况。

美国国家航空航天局和欧洲航天局联合进行冬季生存训练

面对险情，心理素质极佳的航天员自然有应对之策。航天员培训时在模拟场地也做过类似的训练，这样就提高了航天员的应变能力。为了保证航天员的生命安全，在航天员个人救生包内备有在各种自然环境下使用的20余种救生物品。每名航天员装备一套，全部救生物

俄罗斯航天员参加冬季生存训练

品（含包装）的重量约为 25 千克。救生包放置于返回舱座椅的附近。在轨飞行时，航天员个人救生包处于封存不工作状态。

由于载人飞船地面返回控制系统的局限性，航天员在乘返回舱应急软着陆时，不像地面上的飞机从甲地驶往乙地，一段时间后，会准确无误地返回甲地的飞机场。而载人飞船在返回时虽确定在某一区域，但是在具体实施过程中又可能出现不确切性。因此，为满足"全球性"的救生要求，装备有 4 种功能的物品，即求救信号联络物品、医疗救护用品、生存物品和防御自卫用品。

求救信号联络物品包括远距离个人呼救电台、GPS 定位仪、近距离信号枪及信号弹、闪光标位器、太阳反光镜、光烟信号管、海水染色剂。

医疗救护用品包括急救药包、蛇伤自救盒、蚊虫驱避剂。

俄罗斯航天员参加水上生存训练

生存物品包括救生食品、救生饮用水、食盐、救生船、渔具、驱鲨剂、抗浸防寒漂浮装备、指北针、抗风火柴、防尘太阳镜、引火物、救生手册、救生包体。

防御自卫用品包括自卫手枪及子弹、生存刀。

在遇到险情时，怎样有条不紊地使用个人救生包的物品，对航天员来说是一件重要的事情。航天员个人救生包分为救生物品包和救生船包。救生船包放置抗浸防寒漂浮装备和救生橡皮船；其余物品放置在救生物品包内，救生物品包在上，救生船包在下，叠放在一起，紧固在飞船返回舱座椅附近。

参加水上生存训练的欧洲航天局航天员

航天员如何穿戴复杂的舱外航天服

航天员穿戴舱外航天服有一套严格的步骤和顺序，而且不同型号的航天服穿脱的顺序也不一样。以美国航天飞机舱外航天服为例，整个穿衣过程共分10个步骤完成。

（1）穿强力吸尿裤。

（2）穿液冷通风服。

（3）戴上生物电子联结装置。在这种装置上有测量航天员心率的传感器和与外界进行通话联络的电子设备。

（4）一些小的操作程序，包括在头盔面窗里面涂上防雾霜，在服装左侧袖子的手腕处装上一块小的反光镜，在服装上身前胸部位装上一个小食品袋和一个饮水袋，在头盔上装上照明灯和电视摄像头，最后是将通信帽与生物电子联结装置联结在一起。上述四步都是穿服装前的准备工作。

（5）穿服装的下半身。下半身有不同尺寸，可供不同身材的航天员选用。下半身服装的腰部有一个大的带轴承的关节，为航天员弯腰和转身提供方便。

（6）穿服装的上半身。在穿上半

美国航天员艾伦·谢泼德使用的舱外航天服
（保存在肯尼迪航天中心）

身之前，应先将气闸舱的冷却脐带管插入服装胸前的显示控制盒的接口上，以便向服装内提供冷却水、氧气和电力。因为航天飞机气闸舱内仅有2米高，直径1.6米，两名航天员在里面穿航天服显得非常拥挤，因此航天服的上半身是挂在气闸舱壁的支架上的。这样一来当航天员要穿服装的上半身时，就必须蹲下身体，手臂向上伸，采取一种跳水运动员跳水的姿势钻进服装内。服装上下身穿好以后，将密封环连接在一起，然后将各种供应管线与服装相接。

（7）戴上通信帽、头盔和手套。一旦戴上头盔和手套以后，航天员就不能呼吸气闸舱内的空气了，而是通过脐带呼吸由航天飞机轨道器提供的氧气。

（8）向服装加压，并由航天员对服装进行测试，是为了保证服装不漏气，而且内部压力稳定。测试的重点是气体流量、冷却水和电池的功率。

（9）开始呼吸纯氧，进行吸氧排氮。即将体内的氮气排出，目的是预防减压病。

（10）关闭气闸舱的内舱门，气闸舱进行减压。当气闸舱内的压力降低到零时，打开气闸舱的外舱门，同时航天员应将服装与气闸舱的所有联结断开，将安全带的挂钩勾在舱外的固定杆上，这时航天员即可出舱进行太空行走。

美国航天员巴兹·奥尔德林身穿舱外航天服在月球上行走

身穿舱外航天服的日本航天员

地面如何对航天员出舱活动进行测控通信支持

出舱活动是航天员穿着舱外航天服在航天器外进行太空行走和作业的统称。出舱是高风险活动，航天员将面临高真空、高热、低温、太阳辐射、离子辐射、微流星和空间碎片等严峻的空间环境。舱外航天服以及出舱保障设备必须在这种极端恶劣的环境中为航天员提供安全的生存条件，任何一点故障都可能导致出舱活动的失败，甚至威胁到航天员的身体健康和生命安全。因此，进行出舱活动必须做到对事故隐患及时发现、迅速处理，这就需要得到地面测控通信的有力支持。那么，地面测控通信是如何对出舱活动进行支持保障的呢？

美国航天员在月球地表活动

出舱活动通常按时序分为 4 个阶段：在轨检查和训练、出舱前准备、出舱活动及舱内环境恢复阶段。

（1）在轨检查和训练阶段。航天员与地面配合完成舱外航天服的在轨组装和全面检查，并进行在轨训练。地面除了通过遥测对飞船和航天员状态进行监视外，还通过与航天员通话和电视图像，以了解航天员的操作过程，并配合航天员实施与舱外航天服上通话设备的有线和无线通信试验。

（2）出舱前准备阶段。进行航天员的状态检查、船—服联合检查、穿航天服前的检查和准备，以及出舱前的操作。包括舱外航天服和船舱对接系统的气密性检查、舱外航天服的大流量氧冲洗，以及轨道舱泄压等有关控制功能的操作，这些操作对保障航天员顺利出舱至关重要，需要地面重点关注。

（3）出舱活动阶段。航天员出舱，完成舱外活动后返回轨道舱。在正式出舱前，航天员要向地面报告自我状态和出舱前的准备情况，地面确认航天服、航天员和轨道舱状态符合要求后，通知航天员出舱活动正式开始。在整个出舱活动期间，要求通过电视和话音通信等手段对航天员实施尽可能连续的监控和通信支持。

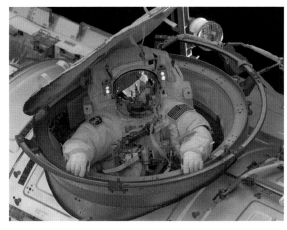

美国航天员准备出舱活动

（4）舱内环境恢复阶段。航天员返回轨道舱进行舱内环境恢复，包括关闭轨道舱舱门并检漏，检漏合格后进行轨道舱和舱外航天服压力的恢复，脱舱外航天服，打开返回舱内舱门。在这个过程中，地面要严密监视轨道舱复压过程和环境控制生命保障系统的相关参数，一旦出现问题要及时采取措施。

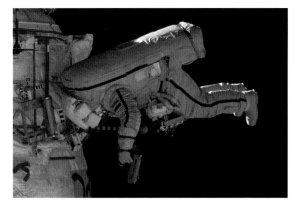

俄罗斯航天员出舱活动

航天员如何利用逃逸塔逃生

逃逸塔是火箭顶端一个类似避雷针的尖塔状装置。在火箭发射过程中（包括在地面静止状态和高空飞行状态下），万一发生危及航天员生命安全的意外紧急情况，逃逸塔能将飞船和运载火箭分离，并逃逸至安全区域可靠降落。由于它直接维系着航天员的生命安全，所以被誉为航天员的"生命之塔"。

测试中的美国"阿波罗"逃逸塔

美国"红石"火箭顶部的逃逸塔无故自动点燃并脱离火箭主体

逃逸塔承担着双重使命，无论火箭飞行顺利与否，它都必须可靠工作。在火箭飞行一切正常的情况下，为了保证飞船能达到设计的轨道和正常回收，在火箭起飞

120 秒，飞行高度大约达到 40 千米时，逃逸系统中的分离发动机和控制发动机必须按指令点火工作，使逃逸塔尾部与飞船分离，完成抛塔，为箭船后续飞行中的一系列分离动作创造条件。

如果火箭飞行一切正常，而逃逸发动机没有正常点火工作，逃逸塔便无法与火箭分离，飞船就不能飞到预定的高度进入预定轨道，而且回收舱的降落伞也无法打开，航天员便没有生还的可能，结果只会箭毁人亡。

如果火箭在发射前或飞行 120 秒前，出现了危及航天员生命的意外紧急情况，逃逸系统的主逃逸发动机、控制发动机、分离发动机和高空逃逸发动机就会按照火箭故障检测系统的指令次序点火工作，在瞬间将位于整流罩内部的飞船轨道舱和返回舱带到离危险源有一定水平距离和垂直距离的安全区域，并实现轨道舱与返回舱的分离。此时，飞船回收舱已具备了打开降落伞的高度条件和净空条件，只要降落伞打开，航天员就能安然无恙地返回地面。

如果火箭在飞行 120 秒后，也就是逃逸塔抛掉后出现了危及航天员生命的意外情况，装在飞船整流罩外边的 4 台高空逃逸发动机就会按指令立即点火工作，将飞船带到安全区域。

►►►► 航天员在太空飞行时如何进食

在太空飞行的初期，有些科学家推测，人在微重力条件下可能会发生吞咽困难，吃进去的食物可能会卡在喉咙部，咽不下去。后来的实践证明，这些推测是错误的，人在太空中吃东西并不困难，吞咽也没有问题。因为人们吞咽食物是靠肌肉，跟重力关系不大。而且据航天员反映，在微重力条件下吞咽食物，似乎比在地面上更容易。

在微重力条件下用普通餐具（如匙和叉）从开口容器中很容易取出食物，特别是有黏性的酱、浓的汤和果汁、布丁以及肉块等，更容易用匙和叉取出来。只要稍加小心，用匙取出来后还可以送入口中，中途不会飘浮或溅出。但是如果食品不带汤

早期苏联航天员食用的糊状食品

汁或没有黏性，则可能四处飘浮或飞散。另外，如果食品中含植物油太多，油又漂在表面，则油滴可能会飞溅出来。研究人员还发现，在微重力条件下用匙取食物比用叉还可靠。例如，用匙盛牛奶，在微重力条件下如果拿匙的手左右晃动，牛奶不会被晃出来；但如果是在地面，牛奶早被晃到地上了。专家们认为，这是因为在微重力条件下液体的运动是受表面张力、内聚力和黏着力的控制；在地面，则是受地球重力的控制。

航天员试图收拢飘浮在舱内的袋装食物

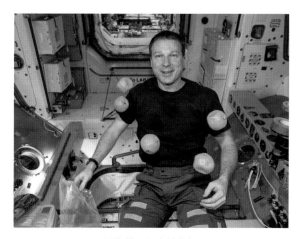

飘浮在航天员身前的橘子

早期的太空食品是糊状食品：如苹果酱、牛肉酱、菜泥和肉菜混合物。这些糊状食品一般会包装在塑料袋中。袋的一端有一个进食管，用手挤压塑料袋，食品就通过进食管挤入口中。除糊状食品外，还有复水食品和"一口吃"的食品。航天员反映，糊状食品口感不好；复水食品加水后不易软化；像牙膏状包装的食品令人恶心；"一口吃"食品在吃的过程中会喷出许多碎屑，不仅会弄脏周围仪器设备，还可能吸入肺中，造成严重后果。

后来太空食品有了很大的改进，品种和花样大大增加，航天员的菜单上列有80多种食品和饮料，其中包括火腿块、法兰克福香肠、加汁牛肉、加汁鸡块、酱肉丸、柠檬布丁、香蕉布丁、糖水蜜桃、什锦果酱、花生酱、炖牛肉、香肠小馅饼、肉酱通心面、腊肉苹果酱、果味增香麦片、玉米片、腊肉块、巧克力布丁、水果蛋糕、小点心、增香糖果条、果冻、桃干、杏干和梨干。饮料有柠檬汁、葡萄汁、橙汁、苹果汁、樱桃汁、葡萄柚汁、草莓汁、可可、黑咖啡、柠檬茶和速溶早餐可可。

国际空间站的食品更是丰富多样，有冷藏食品、冷冻食品、调味品和饮料等。

国际空间站中的航天员们正在用餐

航天员经常出现的航天运动病有何危害

航天运动病（space sickness）又叫太空适应综合征（space adaptation syndrome），是人类进入太空后头几天经常出现的病症，症状与在地面上晕车、晕船和晕机等运动病差不多。如头晕、目眩、脸色苍白、出冷汗、腹部不适、恶心、呕吐，有的甚至还会出现唾液增多、嗳气、嗜睡、头痛和其他神经系统症状。

🔔 小贴士

嗳气（belching）是胃中气体上出咽喉所发出的声响，其声长而缓，俗称"打饱嗝"，是各种消化道疾病常见的症状之一。

最早出现航天运动病的是 1961 年 9 月苏联第二名上天飞行的航天员格尔曼·季托夫（Gherman Titov）。他在绕地球飞行第二圈时开始出现头晕、恶心和腹部不适等症状。在做头部运动时,这些症状加重。在睡眠后症状减轻,返回地面后症状消失。

　　根据苏联对执行"上升"计划的 5 名航天员和执行"联盟"计划的 22 名航天员的统计,患航天运动病的分别占 40% 和 40.9%。美国在执行"阿波罗"登月计划时,对 15 名第一次飞行的航天员进行了统计,患航天运动病的占 40%。由此可见,大约有 40% 的航天员在首次太空飞行时会患航天运动病。有了 1 次太空飞行经历后,患航天运动病的比率会下降。如美国在"阿波罗"登月计划中,有过 1 次以上飞行经历的 18 名航天员,只有 5 人患航天运动病,占 27.8%。但也有例外,如美国执行"水星"和"双子星座"计划的所有航天员,都没有患航天运动病,而在"天空实验室"计划中,有 55% 的航天员患航天运动病,可见航天运动病的复杂性。

最早出现航天运动病症状的苏联航天员格尔曼·季托夫

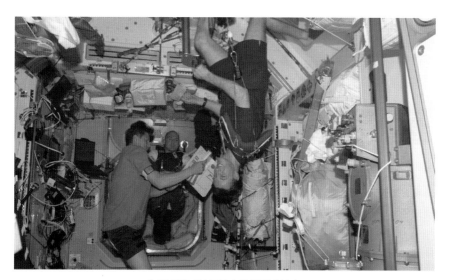

失重环境对航天员身体的影响较大

航天运动病的成因有很多，主要原因可能是在失重环境中，航天员的前庭器官功能紊乱。前庭器官是协调运动、维持人体平衡的内耳神经系统。在地面上，两岁以下前庭器官发育尚不健全的儿童和丧失前庭器官功能的聋哑人，一般不会晕车、晕船和晕机，这可能是佐证之一。

美国航天员正在检查身体状况

航天运动病虽不是严重病症，并且经过几天适应和返回地球后，症状会自行消失。但是，航天运动病会降低航天员的工作能力和工作效率。由于发病率高，从而严重影响航天任务的完成，这就使它成为一个严重的航天医学问题。因此，各航天大国都很重视对航天运动病的研究。

俄罗斯航天员返回地球后无法独立行走

航天员如何对抗失重伤害

人类无时无刻不受到地球引力的影响，且人类生理系统已经完全适应了地球重力环境。当航天员进入失重环境后，身体会发生一系列生理变化，如果不加以防护，可能造成不可逆转的病理性改变，在失重环境中时间越长，这种改变的程度就越深。

当人体脱离地球重力后，首先反映出来的是前庭功能的改变，同时伴随的是体液的头向分布。随着时间的延长，心脑血管的相关机能也随之改变，肌肉会逐渐萎缩，肌力下降，如果时间再长，骨骼系统也会发生变化，包括新陈代谢的变化和骨骼结构的改变，这些都会对人体的正常生理机能造成不利影响。

🔔 小贴士

　　长期失重会使人骨质疏松和肌肉萎缩，因而从太空返回的航天员，需要用担架抬下飞船。苏联一名在太空生活 180 天的航天员，连家属献给他的一束菖蒲花都拿不住。

　　目前，对抗失重引起的生理变化的主要办法是加强体育锻炼。不过体育锻炼项目仍要受到失重和环境狭小的制约。单杠、双杠、举重、哑铃等靠反抗重力的项目达不到锻炼的效果；各种球类、游泳、滑雪、滑冰、越野、爬山等则受失重和场地的双重限制无法进行。因此，失重环境中的体育锻炼项目主要有以下几种。

　　（1）踩自行车练功器。锻炼者坐在固定的车架上，身体用安全带固定，以免飘浮，双腿套在弹力带上，克服弹力带的弹力蹬动车轮，所做的功由记录器记录下来。美国"天空实验室"和苏联"礼炮"号空间站上的航天员，规定每人每天需作功 390 ～ 440 千牛米，迄今规定未变。

在太空连续生活 326 天的苏联
航天员尤里·罗曼年科

正在进行体育锻炼的美国女航天员佩姬·惠特森

美国女航天员的头发在失重状态下飘浮起来

（2）在微型跑道上跑步。锻炼者站在皮带式滚道上，双腿套上弹性带，以模拟人在地面上的体重，迈步时，一般需克服约490牛的弹性带拉力。苏联和美国都规定，每次在微型跑道上跑步的距离，应达到3～4千米。在太空连续生活326天的苏联航天员尤里·罗曼年科，在微型跑道上共跑了1000多千米。

（3）拉弹簧拉力器。弹簧的弹力与重力无关。在失重环境中拉弹簧拉力器，与在地面上一样费力，可以达到锻炼的效果。一个弹簧拉力器一般有5根弹簧，每拉长0.3米，需用力107.8牛。

（4）做徒手体操。这是短期航天的主要体育锻炼项目，每天两次，每次30～60分钟。做体操时也要注意失重的问题。曾有航天员在做头部运动和甩动四肢时，感到头好像在脖子上360度地转动、四肢好像离开了躯体。

（5）穿负压裤子。这是一种准体育器材，穿上后将裤子中的空气抽掉，造成下身负压，促使体液流向下身。

此外，平时和锻炼时都可穿"企鹅服"。这是苏联科学家为航天员设计的服装，因外形像企鹅而得名。它具有弹性，能给穿着者的肌肤一定的压力，对失重给予一定的补偿。

体育锻炼对抗失重影响的效果是非常明显的。如在太空生活326天的尤里·罗曼年科，虽在后期因疲劳而逐渐停止了工作，但仍依照专家制定的体育锻炼程序，每天坚持锻炼，使脉搏、血压始终保持正常，体重、骨钙和肌肉虽有稍许下降，但都在正常范围内。他返回地球后 3 个小时就能自主活动，比 10 年前飞行 96 天后归来的情况还好。另一名航天员瓦列里·柳明，在完成 175 天太空飞行后 8 个月，又进行了 185 天太空飞行，由于坚持体育锻炼，体重还增加了 4.5 千克。

失重状态下的德国航天员

航天员进行太空行走有何作用

　　太空行走（walking in space）又称出舱活动，是载人航天的一项关键技术，是载人航天工程在轨道上安装大型设备、进行科学实验、释放卫星、检查和维修航天器的重要手段。要实现太空行走这一目标，需要诸多特殊技术保障。

太空行走的作用

　　在不同历史时期，航天员进行太空行走的目的并不一样。当 1965 年 3 月苏联航天员阿列克谢·列昂诺夫第一次从"上升 2"号飞船走出舱外时，其目的有两个：一是在载人航天活动中实现一次技术性的突破；二是使苏联在航天技术方面走到美国前边，在全世界产生重大影响。当时，阿列克谢·列昂诺夫离开"上升2"号飞船密封舱，在离飞船5米处活动了12分钟。同年6月，美国航天员爱德华·怀特在乘"双子星座4"号飞船飞行时也走出舱外，成为第一个进入太空行走的美国人，并在太空中飘浮了创纪录的23分钟。从此，出舱活动的技术就为苏联和美国所共有，在这时人们才谈到太空行走的实用意义。

进行脐带式太空行走的美国航天员

从多次出舱和登月过程中的月面活动看来，太空行走的作用和意义是巨大的。其主要意义与作用是完成太空作业，例如，修复载人航天器或其他航天器上的受损部件。美国人曾通过太空行走修复了天空实验室、"太阳峰年"卫星和哈勃太空望远镜。苏联航天员则通过太空行走修复过"礼炮"号空间站和组装、维修"和平"号空间站。当前正在服役的国际空间站，更是需要航天员进行多次出舱活动，才能在轨组装建成。登月活动更是体现了航天员在太空行走和太空作业的巨大作用，为人类进入外层空间和其他星球打下了良好的基础。

1969年7月20日，美国航天员阿姆斯特朗乘坐"阿波罗11号"飞船在月面上着陆，第一个走出登月舱登上月球，他在月面上停留了2小时31分钟。与阿姆斯特朗一起的另一名航天员奥尔德林也跟随其后登上月球，在月球上也待了2小时31分钟。

2007年11月3日，美国航天员帕拉金斯基完成历时7个多小时的太空行走，成功修补了一块太阳能电池板。由于电池板依然带电，而且破损点距离工作舱足有半个足球场远，帕拉金斯基要"走"近一个小时，英国《泰晤士报》曾评论说这次任务是美国航天史上最危险的太空行走。

太空行走的方式

（1）脐带式。早期研制的脐带式的生命保障系统与乘员舱连接，航天员身穿航天服，航天员所需要的氧气、压力、冷却工质、电源和通信等都是通过脐带由载人航天器提供的。由于脐带不能过长，所以航天员只能在航天器附近活动，如果航天器走远了则容易使脐带缠绕，像婴儿那样"窒息"而死。

（2）便携式。这是后期发明的装在航天服背后的便携式环控生保系统。航天员出舱后与航天器分离，由于身穿舱外用的航天服，背着便携式环控生保装置，以及太空机动装置，航天员可到离载人航天器 100 米远处活动。实际上，舱外航天服及便携式环控与生保系统是一个微型载人航天器，它保证了人的周围有适合的压力，有通风供氧系统，有温湿度调节系统，使航天员在服装内正常生存，并能进行太空作业。

（3）机动式。有人称载人机动装置是太空"摩托艇"，因为它装有

美国航天员爱德华·怀特进行美国航天史上第一次太空行走

美国航天员正在维修哈勃太空望远镜

推进系统，且能自主机动飞行。例如，1984 年 2 月美国"挑战者"号航天飞机进行第 4 次太空飞行时，航天员使用的机动装置有 24 个氮推力器，利用推力器工作，航天员可以进行六自由度飞行。载人机动装置外形像一个背包，航天员通过手控器控制其高压氮气从安装在不同部位的推力器喷出，就能改变飞行的速度、方向和姿态，成为名副其实的人体地球卫星。

航天员在太空行走时如何正确使用安全带

安全带（牵引缆索）是航天员在航天器舱内活动和太空行走时的重要安全保障。一般来说，航天员的腰部有两根长 60 厘米的安全带，手腕部有一根长 36 厘米的安全带。此外，还有一根长 10.7 米的可自动收缩的安全带，其挂钩可挂在航天飞机货舱侧边的金属滑杆上，供航天员在货舱内来回移动时使用。除航天员使用的安全带外，还有一种供舱外设备用的安全带。使用这种安全带的目的是不让这些舱外设备在太空失重状态下飘走。

借助安全带在舱外作业的美国航天员

根据航天员太空行走的经验，目前安全带在设计上还存在一些问题：在太空行走中，服装腰关节轴承上的防热材料覆盖住腰安全带的挂钩环，使得挂钩合不拢。

因此，曾经出现挂钩松脱的严重情况。腰部安全带不太结实，一名航天员在进入气闸舱时，曾将腰部安全带上的缝线撕裂。如果在太空行走几个小时，再用手去操作手腕安全带的挂钩则非常困难。手腕安全带挂钩需要重新进行设计，以减轻手的疲劳，保证单手就能操作，不需要太多的小肌肉参与控制。有时候手腕安全带挂钩需要另一只手的帮助才能闭合，在将挂钩闭合以后，还要用手拽一拽，看看是否真的闭合。航天手套的腕关节环会干扰安全带挂钩的操作。设备安全带过长容易使设备撞上周围的结构。

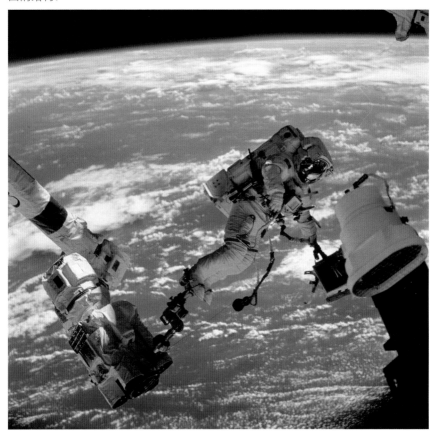

美国航天员在检修设备前拴上安全带

美国国家航空航天局（NASA）对航天员安全带的设计要求是：安全带的挂钩上应该有一个手柄，以便戴着航天手套的手也能操作使用，手柄的长度应在 9.5 厘米以上；安全带的挂钩是否闭合应该有一个明显的标记；安全带的挂钩应该单手就能将其钩上或取下，挂钩上还应该有一个一推就能打开的按钮，可方便地将安全带松开；应该提供一种快速松开挂钩的方法，以便在应急情况下迅速将安全带松开；腰部安全带应该用轻质高熔点的芳香族聚酰胺材料制成；要同时打开两个挂钩需要将两端一压就开的按钮同时按下；安全带的两头分别有一个挂钩，挂在载人航天器上的挂钩应比较大，而挂在航天员腰部的挂钩应比较小；在舱外航天服腰部一般应有两条安全带；安全带挂钩是铝合金制的，设计的负荷极限为 585 磅。

舱外设备安全带的设计标准是：用一只戴航天手套的手即可将安全带钩上或松开；所有舱外设备都应安装标准的挂钩孔座；安全带挂钩上应有开关锁的指示器，以便航天员无论是白天还是黑夜都能识别挂钩锁是开或关；安全带挂钩应有连环锁结构，以防挂钩被无意打开脱钩；安全带挂钩必须是用金属制成的。

NASA 对太空行走中安全带的使用有严格规定：无论何时何地都应该用安全带将自己和所用物品拴好；使用安全带时一定要先将下一个安全带的挂钩挂好，然后再卸下前一个安全带的挂钩，也就是说在没有将安全带系好之前，不要做任何事情；在太空行走过程中还应经常检查一下安全带是否系好、是否牢靠。

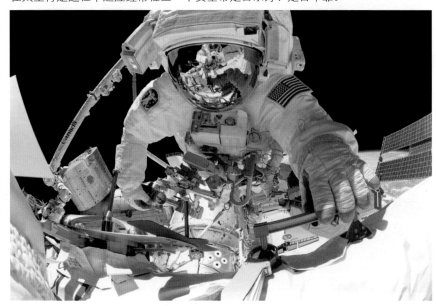

美国航天员在舱外活动时将安全带钩在航天器上

各航天大国如何选拔女航天员

从 1963 年 6 月 16 日苏联航天员瓦莲京娜·捷列什科娃进入太空成为人类首位女航天员以来，全世界共有 7 个国家的近 60 名女航天员进入过太空，为人类征服太空做出了重要贡献。

女航天员的优势

女航天员在飞船上或在空间站内工作时，有比男航天员更为独特的优势。例如，从生理构造、心理素质来看，女航天员的耐寂寞能力、心理素质稳定程度都较男航天员更强。此外，女航天员在某些方面感觉更加敏锐，心思更加细腻，考虑问题更加周全，处理问题也更注意方式方法。

帕梅拉·麦尔莱（左）和佩姬·惠特森（右）

一般来说，女航天员在太空从事的工作与男航天员并不相同。从生理角度来讲，男女在体质上存在较大差别。男性比女性的身体更强壮，体力更好，在空间站内会多做一些体力工作。而女航天员在飞船内或空间站内更多的是担任任务专家，主要维护一般设备和从事一些常规实验等，也可以担任科研人员，从事特殊的科学实验。

当然，也有个别女航天员有驾驶航天器的任务，甚至能成为女指令长。例如，2007年10月23日，美国"发现"号航天飞机与国际空间站对接后，创下了人类近60年太空飞行史上首次由女航天员同时指挥航天飞机和国际空间站的历史，当时"发现"号航天飞机和国际空间站的指令长分别由帕梅拉·麦尔莱（Pamela Melroy）和佩姬·惠特森（Peggy Whitson）担任。

女航天员的选拔

按照国际惯例，航天员一般是从空军服役人员中挑选，最好是战斗机飞行员。不过，尽管世界各国都比较喜欢从飞行员中挑选，但出于对太空科学实验的需要，美国、俄罗斯等国还是从社会上选拔了一些专家型的女航天员。

人类历史上首位进入太空的女航天员瓦莲京娜·捷列什科娃

世界上第一位在太空行走的女航天员斯韦特兰娜·萨维茨卡娅

为什么航天员一般要从空军飞行员中选拔呢？因为开飞机是一个复杂的脑力劳动和艰苦的体力劳动相结合的过程，尤其是开战斗机，除了具有健康的体魄外，还要有敏捷的知觉、思维和观察能力等。此外，现代高性能战斗机以超音速在天空飞行时，飞行员还要做出各种战斗动作，对飞行员的协调性、反应能力和综合素质要求都非常高。因此，选拔女航天员自然就会最先想到战斗机飞行员。

在女航天员选拔过程中，除了严格的身体测试、专业技能和心理测试之外，还要查看三代之内的亲人是否有过疾病史等。当正式成为预备航天员后，训练就更加艰苦了，除了在离心机、人工控温室、压力舱等设备中进行模拟训练外，还需要通过沙漠和在水下生存训练等科目。另外，女航天员最好结婚生育过。除了出于对后代负责任的考虑，尽量选择已婚者的原因是已婚女性在生理、心理方面都更成熟一些。

　　尽管各国在选拔女航天员时对身体条件的要求基本相同，但在选拔的侧重点上有所不同。例如，苏联在选拔女航天员时格外注重外在形象。瓦莲京娜·捷列什科娃之所以能成为人类历史上首位进入太空的女航天员，很大程度上得益于她工人阶级的家庭背景和良好的外在形象。此外，1984 年 7 月，世界上第一位在太空行走的女航天员斯韦特兰娜·萨维茨卡娅就被公认为是一位美女。

　　相比之下，美国在选拔女航天员时更看重成熟稳重的心理状态，女航天员的年龄必须在 30 岁以上。2007 年 2 月 5 日，美国女航天员莉萨·诺瓦克在乘坐"发现"号航天飞机返回地球后不久，因为感情纠葛，她带着枪和刀具，从休斯敦出发驾车狂奔 1500 千米，来到奥兰多机场将情敌希普曼开枪打伤。事后，美国国家航空航天局将其开除，并通过新规定更加严格地选拔女航天员，其中就包括最严格的心理测试程序。

美国第一位遭到重罪指控的在职航天员莉萨·诺瓦克

参考文献

[1]　经纬智库．全球航天器大图解 [M]．北京：电子工业出版社，2018．

[2]　深度军事编委会．航天器鉴赏指南（珍藏版）[M]．北京：清华大学
　　　出版社，2017．

[3]　蒂姆·弗尼斯．世界航天器史 [M]．陈朴，郭明杉，译．北京：中国
　　　科学技术出版社，2016．

[4]　陈求发．世界航天器大全 [M]．北京：中国宇航出版社，2012．